Python AI游戏编程入门

基于 Pygame 和 PyTorch

肖凯 著

人 民 邮 电 出 版 社
北 京

图书在版编目（CIP）数据

Python AI 游戏编程入门 ： 基于 Pygame 和 PyTorch / 肖凯著. -- 北京 ： 人民邮电出版社, 2024. 9. -- ISBN 978-7-115-64580-7

Ⅰ. TP317.6

中国国家版本馆 CIP 数据核字第 2024KB2453 号

内 容 提 要

本书以 Python 为开发环境、以小游戏开发为载体对编程及 AI 技术进行讲解，让读者在学习 Python 编程的同时学习 AI 知识。

本书共 16 章，可分为 4 个部分。第 1 部分为第 1～3 章，分别是编程、游戏和 AI，Python 环境准备和预备知识及 Pygame 基础知识。第 2 部分为第 4～7 章，分别讲解了贪吃蛇游戏编程、打砖块游戏编程、笨鸟先飞游戏编程和五子棋游戏编程。第 3 部分为第 8～12 章，分别介绍了神经网络和 PyTorch 基础、蒙特卡罗模拟、强化学习入门、深度强化学习算法 DQN 及遗传算法。第 4 部分为第 13～16 章，分布介绍了贪吃蛇游戏 AI 编程、打砖块游戏 AI 编程、笨鸟先飞游戏 AI 编程和五子棋游戏 AI 编程。

本书内容系统性强，语言精练，适合具备 Python 基础语法知识的、对 AI 游戏编程感兴趣的读者阅读，也适合作为青少年游戏编程培训用书。

◆ 著　　　　肖　凯
　责任编辑　贾鸿飞
　责任印制　王　郁　胡　南

◆ 人民邮电出版社出版发行　　北京市丰台区成寿寺路 11 号
　邮编　100164　　电子邮件　315@ptpress.com.cn
　网址　https://www.ptpress.com.cn
　北京联兴盛业印刷股份有限公司印刷

◆ 开本：800×1000　1/16
　印张：12.75　　　　2024 年 9 月第 1 版
　字数：277 千字　　　2024 年 9 月北京第 1 次印刷

定价：79.00 元

读者服务热线：(010)81055410　印装质量热线：(010)81055316
反盗版热线：(010)81055315
广告经营许可证：京东市监广登字 20170147 号

前　　言

有人说，未来是代码的世界，也是 AI 的世界。

这种说法或许有些绝对，但从信息技术发展的速度及趋势来看，会编写程序代码和懂 AI（artificial intelligence，人工智能）技术，确实是技能跟上科技发展的必要条件。而毋庸置疑的是，要想真正理解 AI 技术，会编程是基础之一。

回望历史，从某种意义上说，AlphaGo 的诞生是 AI 时代到来的标志，因为人们普遍承认下围棋是一种高级别的智能过程——而当 AlphaGo 击败李世石、柯洁等世界顶尖围棋高手之后，人们感受到了围棋机器人“大脑”的强大。AlphaGo 通过蒙特卡罗模拟使用不同的落子方案进行预演，不断刷新落子方案，进而不断增加胜算。东京大学电子信息学专业教授伊庭齐志曾说，研究游戏 AI 或许是解密人类大脑思考方式的方法之一。游戏 AI 领域里的经典算法一边计算资源消耗，一边计算如何获得游戏胜利，这种兼顾成本与收益的规划方式已经初步具备与人类“权衡”活动相似的评估眼前与未来的能力。

计算机程序背后的代码本身是抽象而枯燥的，但游戏是趣味横生的。为了让更多对 AI 技术感兴趣的读者步入 AI 的世界，本书以 Python 为开发环境，以小游戏开发为载体，对编程思想及 AI 技术进行讲解，让读者同时点亮这两种技能。希望读者能通过本书欣赏和领悟到代码世界的奇妙。

本书共 16 章，可分为 4 个部分。

第 1 部分为第 1～3 章，介绍了基于 Python 环境进行游戏编程所需要的基础，分别是编程、游戏和 AI，Python 环境准备和预备知识及 Pygame 基础知识。

第 2 部分为第 4～7 章，为游戏编程案例讲解，包含贪吃蛇、打砖块、笨鸟先飞和五子棋 4 个游戏。

第 3 部分为第 8～12 章，介绍了 AI 的部分基础知识，分别是神经网络和 PyTorch 基础、蒙特卡罗模拟、强化学习入门、深度强化学习算法 DQN 和遗传算法。

第 4 部分为第 13～16 章，介绍了第 2 部分讲解的 4 款游戏引入 AI 如何进行编程。

就内容主线来讲，本书先通过 Pygame 编写小游戏让读者熟悉 Python 代码编写，然后引入神经网络、强化学习、DQN 算法及 PyTorch 工具，让读者了解 AI 基础知识后对游戏代码进行改编，从而实现 AI 游戏编程。

需要说明的是，本书中的代码均用浅灰色底纹标识，代码运行的输出结果以上下虚线边框标识。

Pygame 是一个开源的 Python 库，主要用于 2D 游戏的开发。Pygame 提供了丰富的功能，如图像渲染、声音播放、键盘和鼠标操作、像素操作、碰撞检测等，这些功能让游戏开发更加简单。PyTorch 则是开源的深度学习框架，以出色的灵活性和易用性著称，用于构建深度学习模型的功能完备，通常用于图像识别和语言处理等应用程序的机器学习。对于想以 Python 为工具理解游戏开发和 AI 技术的读者来说，学好这二者的使用是一个非常具有性价比的选择。

另外，本书提及的文件均提供下载，请在哔哩哔哩网站/App 搜索“肖老师的退休生活”，从 UP 主个人主页获取下载方式。

在本书写作过程中，笔者力求简洁、精确，但囿于水平，书中难免存在疏漏之处。若读者在学习中遇到问题，请发送 E-mail 至 jiahongfei@ptpress.com.cn 与我们联系。

编者

2024 年 2 月

目　录

第 1 章　编程、游戏和 AI

1.1　代码的世界

现代社会中，代码无处不在。

早上，智能手机响起铃声将你从梦中唤醒，这闹钟程序及其底层系统是由代码构建的。洗漱完毕后，你准备搭乘出租车或地铁去工作，交通工具的调度系统是由代码构建的。另外，汽车的自动稳定系统，或者更智能的自动驾驶系统是由代码驱动的。到达公司，你打开计算机浏览重要的新闻，推送这些新闻信息的推荐系统也是由代码构建的。

除此之外，代码还在推动生产力的提升。

在制造领域，以大型客机制造为例，飞机的设计图纸已经转变为数字形态，工程师在三维数字世界里设计飞机。在由软件控制的自动生产线上，智能机械手臂根据数字化的设计图纸实现飞机的装配。飞行员使用自动驾驶软件来控制飞机，数百万行代码控制的各种装置不断感知飞机姿态，控制进气量、发动机功率和机翼的角度等。

在信息领域，以搜索引擎为例，谷歌能支撑每天数十亿次的搜索，其分布在世界各地的数据中心功不可没。数据中心的智能系统有一整套分布式并行集群架构，支持先进的大数据管理和处理，而且通过在数据中心部署的机器学习功能，谷歌可以很好地控制其冷却系统的能源消耗，对环境更为友好。

在医疗领域，以影像检测为例，基于人工神经网络的 AI 在检测乳腺癌症状方面，与有经验的放射科医生有着同样优秀的表现。除了帮助临床医生发现疾病的早期症状，AI 还可帮助处理、跟踪数量惊人的各种类型的医学影像，并通过检测患者病历等重要资料，将相关影像提供给临床医生，从而实现更好的临床管理。

在科研领域，以火星探索为例，登陆火星的“好奇”号火星车内部系统含有六大部件，这些部件需要协同整合。在执行任务的过程中，内部系统不能出现任何差错，对失误零容忍。而对内部系统的整合，一共使用了约 50 万行计算机代码，令“好奇”号火星车可以在极端的火星环境下全自动地进行工作。

1.2 什么是编程

编程的直接产物是代码。编程的含义很简单，就是用代码的方式告诉计算机它要做什么。但是编程这件事情并不简单。因为计算机并不是人类，它本身只能做一些如加法、减法这类容易的事。要让只会做加法、减法的计算机完成复杂的、高难度的任务本身就很有挑战性，这就需要我们当翻译。所以编程的挑战性就在于我们要完成理解、解答和翻译的工作。

我们通过编程解决一个问题时，并不是直接把这个问题"扔"给计算机，而是自己先理解这个问题，思考这个问题的解决方法，再将解决方法翻译成代码，最后让计算机执行代码。所以编程的难点不在于代码本身，而在于清晰地思考问题的解决方法。这也是人类最核心的能力之一。

一般来说，编程需要解决某个具体的问题。编程的过程通常分为如下 4 个阶段。

- 分析：我们要解决的问题是什么？用户需要什么？
- 设计：我们如何解决这个问题？整体的系统结构应该是什么样的？应该包括哪些功能模块？这些模块间如何协同交互？系统如何与用户交互？
- 编程：将设计方案用代码的形式进行表达，代码编写要满足包括时间、成本在内的约束条件，确保代码正确且可维护。
- 测试：保证软件能正常、可靠地工作。

这 4 个阶段并不是完全独立或串行的，有时在测试阶段发现的问题需要重新分析，需要我们重新设计并优化代码。编程是一个不断试错、不断迭代的过程。

1.3 什么是 AI

编程过程中，人类需要思考问题的解决方法，再告诉计算机如何工作。那么，计算机能否自主思考和工作呢？我们能否创造出和人类一样聪明的机器，帮助我们思考和决策呢？随着这类思潮的涌起，AI 应运而生。

AI 是人类最伟大的梦想之一。很多人对 AI 的了解主要来自电影中的角色，例如《2001 太空漫游》中的 AI 计算机管家 HAL9000、《终结者》中的杀手机器人，以及《钢铁侠》中钢铁侠的战衣 AI。这些电影中的 AI 具备一些共同特征：能力异常强大，和人一样会思考，甚至有感情。现实世界中，AI 的能力也在突飞猛进。例如扫地机器人可以自动帮我们打扫房间，ChatGPT 可以和人愉快地聊天，无人汽车能在一定程度上自动驾驶。

让计算机像人类一样思考和行动，这个目标无法直接通过编程达成。但是我们可以通过编程让计算机完成很多超级复杂的任务，例如排序、搜索等任务，然而有些任务从人类的角度来看很容易，从计算机编程的角度来看却很困难。例如识别一张图片中是否包括人脸、判断一句话的潜台词，或者创作一幅油画。在后续章节中我们会了解到，AI 程序的“智能”是通过数据进行学习、训练得到的，这个学习、训练的过程是通过编程实现的。

AI 的概念也是不断发展的。

学术界对 AI 的看法更富有哲学意味，他们希望 AI 最终能理解人类思考的本质，而且希望能对 AI 的思考过程进行建模。他们认为 AI 需要像人类一样思考和行动，完全地模仿人类。但是，人类建造的飞机最终能飞上天，依赖的并不是对鸟的模仿，而是对空气动力学的研究。

工业界对 AI 的看法更侧重实用性，他们认为 AI 能完成特定的任务就不错了。AI 需要能够自主操作、感知环境、长期持续地适应变化并实现最佳期望结果，也就是以最优的方法完成一个既定的任务。所以 AI 需要通过圆满完成任务来体现其能力。

早期的 AI 研究专注于专家系统。一个专家系统就是一个数据库，其中存放了大量的规则用于判断、决策。但在实际应用的复杂场景下，专家系统遇到了挫折。在 1990 年前后，以概率统计理论为基石的神经网络方法出现了。最近 10 年，随着计算机硬件技术、开源算法的发展和互联网数据规模的大幅提升，深度学习迅速发展。它促进了图像识别和自然语言处理等领域算法的进步。借助深度学习的力量，深度强化学习也强势崛起，并有望在现实世界中推动 AI 得到广泛应用。

1.4　游戏编程和游戏 AI

游戏编程用代码构建一个虚拟世界。在这个虚拟世界中，玩家能开心地进行游戏。从技术角度而言，电子游戏指一种多媒体的交互式的实时模拟器，它由若干功能模块构成。例如，要将游戏内容展示给玩家，需要图形显示模块；要将游戏音乐播放给玩家，需要音频系统模块；此外，还需要负责和玩家进行交互的界面模块和 AI 模块等。我们先介绍游戏编程中的一些特有要素。

1.4.1　游戏主循环

除非用户中断游戏，否则游戏程序需要一直运行。所以游戏程序中必然存在一个循环，循环中的代码反复运行。这个循环称为游戏循环（game loop）。每运行一次循环中的代码，称为游戏中的一帧（frame）。基于人类眼球的生理特性，游戏一般采用 30 或者 60 的帧率来运行，设置游戏帧率为 30，就意味着每秒运行 30 次循环，换句话说，单次循环消耗的时间要控制在 33 毫秒左右，不能过多也不能过少。游戏中能否达到这个帧率依赖于很多因素，如果硬件性能很强大，代码中的计算很简单，一个循环中的代码可能只需要几毫秒就运行完毕。

游戏循环中应该包括主要的游戏逻辑代码，例如处理玩家输入、更新游戏数据、生成游戏输出这 3 个阶段的代码。以经典的射击游戏《坦克大战》为例，玩家输入可能是键盘的按键，即通过键盘控制方向和发射炮弹，当用户按下发射炮弹对应的按键时，程序要保存并处理这个信息。在更新游戏数据阶段，程序要根据用户的输入信息，在内存中生成炮弹对象，如果之前已经发射了炮弹，则需要判断炮弹是否击中敌人，敌人是否被击杀。这里可能要处理上百个对象和多种游戏逻辑。在生成游戏输出阶段，最重要的事情之一就是绘制显示在屏幕上的内容，如坦克、发射的炮弹、爆炸效果等。

1.4.2 二维图形显示

游戏角色需要显示在屏幕的某个位置上，这个位置对应的坐标系原点一般在屏幕左上角，坐标的单位是像素点。如图 1-1 所示，我们建立了一个 600px×300px 的屏幕窗口，在窗口的左上角位置放置了一个边长为 100px 的正方形，正方形的左上角坐标（0,0）就是原点。我们也可以通过设置左上角或其他位置的坐标来控制正方形的位置。

图 1-1

游戏角色（Spirit）一般由两个要素构成，一个是角色的“外皮”，即用来表现视觉效果的图片文件，另一个是角色的“骨架”，即构成图片外部边缘的边框。角色的图片文件需要在初始化时加载，将其加载到内存后，可以获取其边框对象，然后通过设置边框的坐标值来控制角色的位置。

最后需要注意的是缓冲机制。在游戏主循环中，游戏角色生成后并不会被直接输出到游戏界面窗口中，而是先输出到显卡的内存缓冲区，计算机再将内存缓冲区的游戏角色信息更新并输出到屏幕上。就像在话剧表演中，帷幕落下后，后台人员忙着摆放场景道具；将这些场景道具放置妥当后，帷幕升起。这样做的好处是不会将尚未准备好的舞台展示给观众，而帷幕遮挡的舞台就相当于存放游戏角色信息的内存缓冲区。

1.4.3　输入处理

游戏编程的一个特点是编写的程序需要和用户交互。用户的输入包含各种各样的信息，例如键盘按键信息、鼠标移动或单击信息，甚至游戏手柄的按键信息等。这些信息通常是通过事件队列存放的，在每次运行游戏主循环中的代码时，程序都需要从事件队列中取出需要的信息进行处理。

举个例子，你是一位在战场上统领大军的将军，你需要关注敌方部队有没有发生移动。于是你每个小时开始时都会派出一队侦察兵，让他们分散在战场四周获取情报，侦察兵会在每个小时结束时将情报传回你的手中。有的情报是关于天气变化的，有的情报是关于敌人动向的，有的情报是关于粮草供应的。每份情报都被写在一张纸上，按顺序叠放在桌上。你的参谋会每小时看一次情报，检查这些情报中是否有关于敌人动向的信息。当参谋发现这一类情报后，你会基于相关情报来调动部队出击。

游戏编程中的输入处理与此类似。每一帧里，程序都会收到各种输入事件，并将它们按顺序存放在一个事件队列中。程序会不停地检查这个队列，当程序“关注”的事件发生时，例如玩家按下了空格键，程序就会运行相应的代码来发射炮弹。

1.4.4　游戏 AI

AI 能给予游戏更多的乐趣。从工程角度来看，游戏 AI 并不是越复杂越好，而是能满足游戏的需要。AI 领域有一个黄金原则——搜索和知识是相互关联的，当你拥有更多的知识，你就需要更少的搜索；当你拥有更少的知识，你就需要更多的搜索。一个职业围棋选手拥有相当丰富的对弈知识，通常只需针对几个落子选项进行少量的计算。而初版的 AlphaGo，在没有足够丰富的对弈知识的背景下，只能反复在海量选项中进行最优落子方案的搜索。

最早的《吃豆人》游戏中，有 4 个追逐玩家的幽灵角色，其 AI 设置相当简单。它们追逐玩家的路线都是通过硬编码的规则确定好的，有的是直接追逐玩家，有的是占领某个交通要道，有的是随机选择某条通道。这套游戏 AI 编写得很简单，但整体的配合却让玩家感觉很智能，因为简单的规则中包含相当丰富的游戏对抗的知识。因此，需要视情况采用复杂程度不同的游戏 AI。有时候，简单的随机方法或者贪心算法就可以模拟出一个不错的 NPC。

本书将主要介绍游戏中会用到的 3 种 AI 算法，分别是深度强化学习、遗传算法和蒙特卡罗树搜索。深度强化学习（deep reinforcement learning）是深度学习与强化学习相结合的产物，它集成了深度学习在函数拟合上的强大能力，以及强化学习基于环境反馈进行试错和决策的能力。深度强化学习可用来解决现实场景中的复杂问题。遗传算法（genetic algorithm）是计算数学中用于解决最优化问题的搜索算法，是进化算法的一种。进化算法是借鉴进化生物学中的一些原理而发展起来的，这些现象包括遗传、突变、自然选择以及杂交等。蒙特卡罗树搜索（Monte Carlo tree search）是一种用于决策过程的启发式搜索算法，它最引人注目的使用场景之一是被用在 AlphaGo 中。它也用于其他棋牌类等即时电子游戏和不确定性游戏。

1.5 本章小结

在古印度神话中，人类世界存在于一只巨龟的背上。今天，无数的代码构成人类世界的数字巨龟。通过编程，可将人类的智慧凝结到代码中，让计算机为我们服务。学习编程不只是学习编程语言本身，其核心是学习思考和解决问题的方法，并将其翻译成代码。AI 是另一种更有趣的思路，我们编写的程序中包含更广泛的知识，AI 程序可以更聪明地解决问题。

电子游戏不仅能让人放松和开心，还能提升人类社会的生产力。本书将编程的主要领域聚焦在电子游戏，即游戏编程。不同于其他领域，游戏编程有一些重要的东西要考虑，例如游戏主循环、图形显示、输入处理和游戏 AI。第 3 章将进入游戏编程的实操环节，基于 Python 的游戏模块 Pygame 来介绍如何进行游戏编程。在此之前，我们会在第 2 章做一些热身活动，学习一些必要的 Python 知识。

第 2 章　Python 环境准备和预备知识

2.1　Python 编程环境安装

工欲善其事，必先利其器。编程也需要配备相应的工具，让我们编写代码更方便、更高效。本书推荐的编程工具是微软公司开发的免费工具 Visual Studio Code，简称 VS Code。它是一个强大的轻量代码编辑器，它能让我们高效地编辑、调试和运行用各种编程语言编写的代码，其中当然也包括用 Python 语言编写的。读者可以从 VS Code 官网下载最新版本的 VS Code，并学习相应的文档。

使用 VS Code 来编写 Python 代码，还需要在本地计算机上安装 Python 核心。为了便于使用 Python 丰富的模块和进行虚拟环境管理，本书推荐使用 Anaconda 作为管理工具。Anaconda 中文名为巨蟒，是一个用于科学计算的 Python 发行版，提供了包（模块）管理与环境管理的功能，可以用来很方便地解决多版本 Python 并存、切换以及各种第三方包安装的问题。它还能使用不同的虚拟环境隔离不同要求的项目，使编程变得非常省时、省心。如果读者的操作系统是 64 位的则尽量选择 64 位版本的 Anaconda。对于 Python 则推荐选择最新版本。

上述两个工具安装完成后，读者还需要在 VS Code 的市场中安装几种 Python 扩展插件，在市场中搜索“Python”即可在搜索结果中通过网络直接安装插件。搜索到的插件如图 2-1 所示。

图 2-1

前述的工具和插件安装完成后，可以尝试编写并运行一个“Hello World”程序。在 VS Code 中新建一个文件夹，将其作为工作目录。接着在目录中创建一个 hello.py 文件，即 Python 的源代码文件。在文件中编写图 2-2 所示的两行简单的代码，然后直接单击右上角的小三角形按钮运行。如果能成功地显示信息，就说明编程环境已经通过验证了。

```
hello.py > ...
1  msg = "Hello World"
2  print(msg)
3
```

图 2-2

2.2 编写第一个小游戏

本书以游戏为编程主题，下面就让我们尝试编写一个井字棋游戏来热身。编写该游戏一方面是为了复习我们以前学过的 Python 知识，另一方面也可以让我们更熟悉 VS Code。

井字棋游戏很简单，它的棋盘是一个 3×3 的网格，玩家率先实现 3 颗棋子在一条直线上即可胜利。本游戏程序包含的核心数据就是棋盘信息，另外还需要若干函数来承载游戏功能，例如显示棋盘信息的函数、处理玩家输入的函数，以及判断棋局胜负的函数等。所有代码都在一个代码文件中。

首先定义几个变量，包括棋盘大小变量 boardSize 和棋盘信息变量 board。我们会使用两种符号分别表示两个玩家的落子，其中一个玩家的落子使用字母符号“X”来表示，而另一个玩家的落子使用字母符号“O”来表示，当棋盘上还没有玩家落子时，所有位置都以符号“.”来表示。先手玩家使用字母符号“X”来落子，将落子信息保存在变量 currentPlayer 中。随后输出一些游戏提示信息。

```
boardSize = 3
board = ['.'] * boardSize * boardSize
currentPlayer = 'X'

print("井字棋游戏开始")
print("规则：三子连成直线即胜利")
print("X 先手,O 后手")
```

随后我们定义 print_board 函数，它负责在终端上显示棋盘信息。

```
def print_board(board):
```

```
    print("\n")
    print("%s|%s|%s"%(board[0],board[1],board[2]))
    print("-+-+-")
    print("%s|%s|%s"%(board[3],board[4],board[5]))
    print("-+-+-")
    print("%s|%s|%s"%(board[6],board[7],board[8]))
```

我们还需要一个函数来负责判断胜负。函数 hasWon 看起来很复杂，但其内在逻辑很简单，就是列举各种可能获胜的棋局状态，只要满足这种状态就返回 True。如果觉得某个地方不容易理解，可以通过 VS Code 设置断点，并按键盘上的 F5 键进入调试模式，在调试模式下可以一步步地运行代码，以观察每个变量的值并理解代码的运行逻辑。

```
def hasWon(currentBoard,player):
    winningSet=[player in range(boardSize)]

    row1=currentBoard[:3]
    row2=currentBoard[3:6]
    row3=currentBoard[6:]
    if winningSet in [row1,row2,row3]:
        return True

    col1=[currentBoard[0],currentBoard[3],currentBoard[6]]
    col2=[currentBoard[1],currentBoard[4],currentBoard[7]]
    col3=[currentBoard[2],currentBoard[5],currentBoard[8]]
    if winningSet in[col1,col2,col3]:
        return True

    diag1=[currentBoard[0],currentBoard[4],currentBoard[8]]
    diag2=[currentBoard[6],currentBoard[4],currentBoard[2]]
    if winningSet in [diag1,diag2]:
        return True

    return False
```

因为两个玩家交替落子，所以需要定义 getNextPlayer 函数以交换当前玩家。

```
def getNextPlayer(currentPlayer):
    if currentPlayer == 'X':
        return 'O'
    return 'X'
```

getPlayerMove 函数用来处理玩家的输入。玩家输入的是坐标的形式，每次需要输入两个数字，数字之间以英文逗号间隔，数字取值为 0～2。“X,Y” 表示落子位置在棋盘上的第 X 行、第 Y 列。需要注意的是，该函数获取玩家输入后，会将这些输入信息通过字符串操作拆分成两部分，再转换成整数类型保存为坐标，最后将二维的坐标信息转换成一维的索引。判断当前棋盘的落子位置为空白位置时，就用当前玩家的表示落子的字母符号进行赋值。

```
def getPlayerMove(board,currentPlayer):
    isMoveValid = False
    while isMoveValid == False:
        print('')
        userMove = input(f'玩家{currentPlayer}输入棋盘坐标(坐标取值 0,1,2):   X,Y? ')
        userX, userY = [int(char) for char in userMove.split(',')]
        userIndex = userX * boardSize + userY
        if board[userIndex] == '.':
            isMoveValid = True

    board[userIndex] = currentPlayer
    return board
```

当棋盘上摆满棋子时，需要结束游戏，因此要定义一个 hasMovesLeft 函数来判断还有没有空白位置供玩家落子。

```
def hasMovesLeft(board):
    return '.' in board
```

最后将这些函数组装在一起。

```
if __name__ == '__main__':
    print_board(board)
    while hasMovesLeft(board):
        board = getPlayerMove(board,currentPlayer)
        print_board(board)
        if hasWon(board, currentPlayer):
            print('Player'+currentPlayer+'haswon!')
            break
        currentPlayer = getNextPlayer(currentPlayer)
```

首先显示棋盘，只要棋盘上还有空白位置可以下棋，就保持运行游戏主循环中的代码。代码先处理玩家输入，显示新的棋盘；如果出现胜负结果，就显示相关信息。否则轮换玩家。游戏画面如图 2-3 所示。

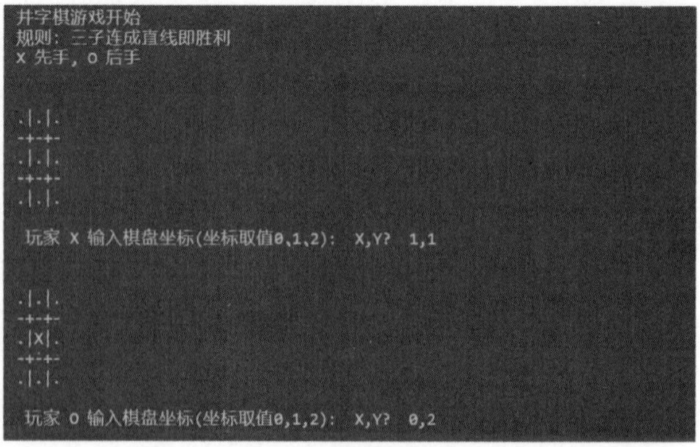

这个游戏是不是很简单。读者可以先试着玩一下。如果不能很好地理解这些代码，可以进入调试模式慢慢理解每行代码完成的任务。如果你对某些语法不熟悉，可以先复习、巩固对应的知识。

```
井字棋游戏开始
规则: 三子连成直线即胜利
X 先手, O 后手

.|.|.
-+-+-
.|.|.
-+-+-
.|.|.

玩家 X 输入棋盘坐标(坐标取值0,1,2):  X,Y?  1,1

.|.|.
-+-+-
.|X|.
-+-+-
.|.|.

玩家 O 输入棋盘坐标(坐标取值0,1,2):  X,Y?  0,2
```

图 2-3

2.3　面向对象编程

2.2 节中实现井字棋游戏的代码体现了一种面向过程的编程设计思路。例如，从接收玩家输入到判断胜负，再到显示新的棋盘，将整体游戏逻辑根据相应过程拆开，然后分别用函数实现每个过程的逻辑。当程序功能非常简单时，基于过程的设计思路没什么问题。但当程序功能越来越复杂时，我们需要一种更灵活的设计思路，也就是面向对象编程，其英文名为 Object-Oriented Programming，通常缩写为 OOP。

面向对象编程的主要观点是不应该将程序拆分为若干过程，而应该将其拆分为自然对象的模型。面向对象编程涉及几个关键概念，包括类、对象、组件、属性和行为。我们分别来解释这些关键概念。类可以看作一张蓝图或图纸，代表了抽象概念，而对象是具体的事物。类和对象的关系是抽象和具体的关系，就好比汉字“马”所代表的抽象概念，和一匹正在草原上奔跑的骏马所代表的具体事物的关系。战国时期所说的“白马非马”的故事，就包含抽象和具体的关系。

一个复杂的类可能是由多个组件构成的。例如，汽车是由发动机、车身、底盘等组件构成的，而这些组件本身也是类，如发动机类、车身类或底盘类。类是有属性的，属性是类的数据特征，例如马是有颜色的，颜色是马这个类的属性，如果具体到作为对象的一匹马，则有的马是白色的，有的马是黑色的。不同的具体的马作为对象，可以有不同的属性值。

类也是有行为的。行为定义了类可以做什么事（具有什么功能），例如马可以奔跑，这是马的一种功能。

面向对象编程的设计思路体现了一种模块化建造、分而治之的思想，就像造汽车，工厂根据不同部件的关联程度将汽车分成几个模块，分发到不同的车间来建造。例如发动机车间专门造发动机，车身车间专门造车身，底盘车间专门造底盘，总装车间根据接口将它们组装起来，各车间只需专注自己的模块的建造，互不干扰。而且在研发新款车型时，可能只需要更改底盘，而老款的发动机仍可以使用。面向对象编程的优点归纳如下。

- 分别用类来封装各自的数据和函数，代码相对独立，更容易修改和管理。
- 让设计思路更清晰，编程更高效，代码更容易理解且不容易出错。
- 可以直接使用现成的类，代码能更好地重用。

这里还是以 2.2 节的井字棋游戏为例进行说明。在面向对象编程的设计思路下，游戏本身是一个类，某个特定的游戏是一个对象，它是这个类的具体实例。游戏类包括一个重要的组件，也就是棋盘类。棋盘类包含两个属性，也就是棋盘大小和棋盘空间本身。棋盘类也包括若干函数，例如显示棋盘信息函数、判断胜负函数等。作为游戏类的组件，棋盘类还有一个属性，即当前需要落子的玩家。另外游戏类也包括若干函数，例如处理玩家输入的函数等。

我们可以根据游戏逻辑，将游戏程序用类图的形式进行重新设计。图 2-4 所示为设计好的游戏类 Game 和棋盘类 Board 的类图。类图中显示了各个类中包含的属性和函数。它可以让我们更清楚地检查类的设计，以及类之间的关系。

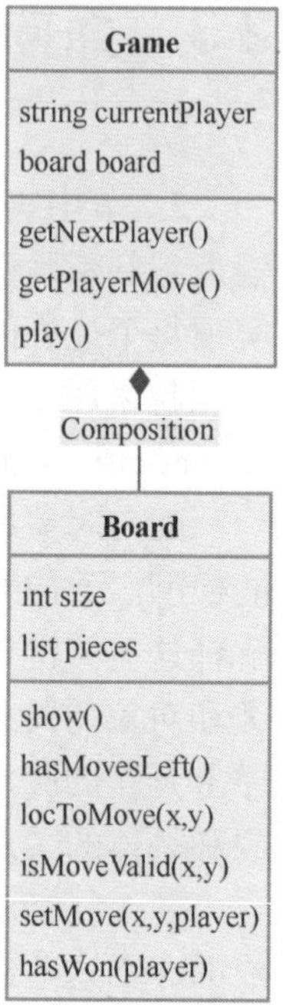

下面我们根据面向对象编程的设计思路来修改原有的代码。首先定义棋盘类，也就是 Board 类。在初始化函数中定义两个属性，分别是棋盘大小属性 size，以及棋子信息属性 pieces。

Game
string currentPlayer
board board
getNextPlayer()
getPlayerMove()
play()
Composition
Board
int size
list pieces
show()
hasMovesLeft()
locToMove(x,y)
isMoveValid(x,y)
setMove(x,y,player)
hasWon(player)

图 2-4

```
class Board:

    def __init__(self,size):
        self.size=size
        self.pieces = ['.'] * size * size
```

Board 类有显示棋盘的函数 show。

```
    def show(self):
        print("\n")
        print("%s|%s|%s"%(self.pieces[0],self.pieces[1],self.pieces[2]))
        print("-+-+-")
        print("%s|%s|%s"%(self.pieces[3],self.pieces[4],self.pieces[5]))
        print("-+-+-")
        print("%s|%s|%s"%(self.pieces[6],self.pieces[7],self.pieces[8]))
```

Board 类也有用于判断有没有空白位置可以落子的 hasMovesLeft 函数。

```
    def hasMovesLeft(self):
        return'.'inself.pieces
```

Board 类还需要有一个用于判断当前落子位置是否符合游戏规则的 isMoveValid 函数，以及用于落子后修改棋子信息的 setMove 函数。因为用户的输入是二维的坐标数据，所以需要建立一个辅助函数 locToMove，负责将输入从二维的棋盘坐标转换为一维的列表索引。

```
    def locToMove(self,loc):
        return int(loc[1]+loc[0]*self.size)

    def isMoveValid(self,loc):
        move = self.locToMove(loc)
        if self.pieces[move]=='.':
            return True
        else:
            return False

    def setMove(self,loc,player):
            move = self.locToMove(loc)
            self.pieces[move]=player
```

Board 类当然也包括判断棋局胜负的 hasWon 函数。这里的实现逻辑和 2.2 节中代码显示的一样。

```
    def hasWon(self,player):
        winningSet = [player in range(self.size)]

        row1 = self.pieces[:3]
        row2 = self.pieces[3:6]
        row3 = self.pieces[6:]
        if winningSet in [row1,row2,row3]:
            return True

        col1=[self.pieces[0],self.pieces[3],self.pieces[6]]
        col2=[self.pieces[1],self.pieces[4],self.pieces[7]]
        col3=[self.pieces[2],self.pieces[5],self.pieces[8]]
        if winningSet in [col1,col2,col3]:
            return True

        diag1=[self.pieces[0],self.pieces[4],self.pieces[8]]
        diag2=[self.pieces[6],self.pieces[4],self.pieces[2]]

        if winningSet in [diag1,diag2]:
            return True

        return False
```

然后在 Board 类基础上构造游戏类，即 Game 类。Game 类的初始化函数中包括当前玩家属性 currentPlayer，以及前面定义好的 Board 类，将其实例化，把生成的棋盘对象作为 Game 类的一个组件。

```
class Game:

    def __init__(self,boardSize,startPlayer):
        self.currentPlayer = startPlayer
        self.board=Board(boardSize)
        print("井字棋游戏开始")
        print("规则：三子连成直线即胜利")
        print("X 先手,O 后手")
```

Game 类中包括轮换玩家的 getNextPlayer 函数。

```
    @staticmethod
    def getNextPlayer(currentPlayer):
        if currentPlayer=='X':
            return'O'
        else:
```

```
        return'X'
```

Game 类中还包括处理玩家输入的 getPlayerMove 函数。

```
def getPlayerMove(self):
    while(True):
        userMove=input(f'\n 玩家{self.currentPlayer}输入棋盘坐标(坐标取值 0,1,2):X,Y?')
        userMoveLoc=[int(char) for char in userMove.split(',')]
        if self.board.isMoveValid(userMoveLoc):
            self.board.setMove(userMoveLoc,self.currentPlayer)
            break
```

然后将完整的游戏逻辑整合到 play 函数中。

```
def play(self):
    self.board.show()
    while self.board.hasMovesLeft():
        self.getPlayerMove()
        self.board.show()
        if self.board.hasWon(self.currentPlayer):
            print('\n 玩家'+self.currentPlayer+'胜利!')
            break
        self.currentPlayer=self.getNextPlayer(self.currentPlayer)
```

最终的 main 入口非常简洁。我们只需要将 Game 类实例化，生成 game 对象，再调用其 play 函数即可。在代码重构过程中，我们将原本零散的代码进行了划分，按类进行重构，使其逻辑层次更为清晰、更容易理解。完整的代码可以参见第 2 章的对应代码文件 tic_human_class.py。

```
if __name__ == '__main__':

    game = Game(boardSize=3,startPlayer='X')
    game.play()
```

2.4 使用 Python 模块

编程领域常说的一句话是不要重复造轮子，因此重用已有的代码是编程设计的重要思想。Python 中有大量已经非常完善的类和函数，这些可以重用的类和函数称为模块。在 Python 中进行游戏编程开发依赖的模块是 Pygame，这个模块将在第 3 章进行介绍。进行 AI 编程开发的模块是 PyTorch，这个模块将在第 8 章进行介绍。我们还会依赖其他一些模块，对于这些模块我们在此做简单介绍。如果有需要，读者可以通过官网查阅更详细的模块资料。如果本地环境还没有安装这些模块，需要在联网条件下通过 pip 进行安装。

2.4.1　random 模块

如名称的含义所示，random 模块用于生成伪随机数。下面的例子中，使用 random 模块的 randint 函数，可以生成 1～10 的任意一个整数数字。随机数的引入可以增强游戏的随机性，让游戏更为有趣。

```
import random
x = random.randint(1,10)
print(x)
```

2.4.2　NumPy 模块

Python 中有一些数据类型，例如列表、字典、集合等，可以用于保存一系列的数据信息。不过对于大规模的数据计算，它们并不都适用。在 AI 领域的计算中，大规模数据一般以向量形式保存。NumPy 模块是专门用于向量计算的模块。让我们看看下面的例子。

首先建立一个列表，再建立一个数组，输出并观察二者的类型，可以看到二者的类型是不一样的。x_list 是列表（list）类型的，x_array 是 NumPy 数组类型的。

```
import numpy as np
x_list=[1,2,3,4]
type(x_list)
```

```
list
```

```
x_array=np.array([1,2,3,4])
type(x_array)
```

```
numpy.ndarray
```

NumPy 数组类型的重要特点在于支持向量化计算，例如我们要计算数值的平方再求和，如果使用列表类型，需要写一个循环，或者使用列表解析来完成。

```
x_sum=0
for x in x_list:
    x_sum=x_sum+x**2
print(x_sum)
```

```
30
```

```
sum([x**2 for x in x_list])
```

```
30
```

如果使用 NumPy 数组类型，则更加简单，它可以直接对每个数值做平方运算。通过这个例子可以看到 NumPy 数组类型的优点，它的向量化计算非常方便、快速。

```
sum(x_array**2)
```

```
30
```

2.4.3 matplotlib 模块

matplotlib 是 Python 环境中非常重要的绘图模块。因为 AI 和大规模数据计算有直接关系，所以我们会主要使用 matplotlib 模块来观察数据中的规律，以及在游戏编程领域中观察各项 AI 指标的走向。matplotlib 模块的功能非常丰富，我们先用一个例子来了解一下。

```
import numpy as np
import matplotlib.pyplot as plt
%matplotlib inline
```

先通过 NumPy 模块构造两个向量 x 和 y，x 表示横坐标的位置，y 表示 x 对应的 sin 函数值。

```
x = np.linspace(0,2*3.1415,100)
y = np.sin(x)
```

使用 linspace 在 0～2π 生成 100 个点，然后用向量化计算直接算出 100 个点对应的 sin 函数值，再使用 plt.plot 绘制基础的线图，表现两个向量之间的函数关系。这种图（如图 2-5 所示）可以将数据的大小反映到坐标位置上，我们可以很容易地观察到 sin 函数的规律性波动变化。

```
plt.plot(x,y)
```

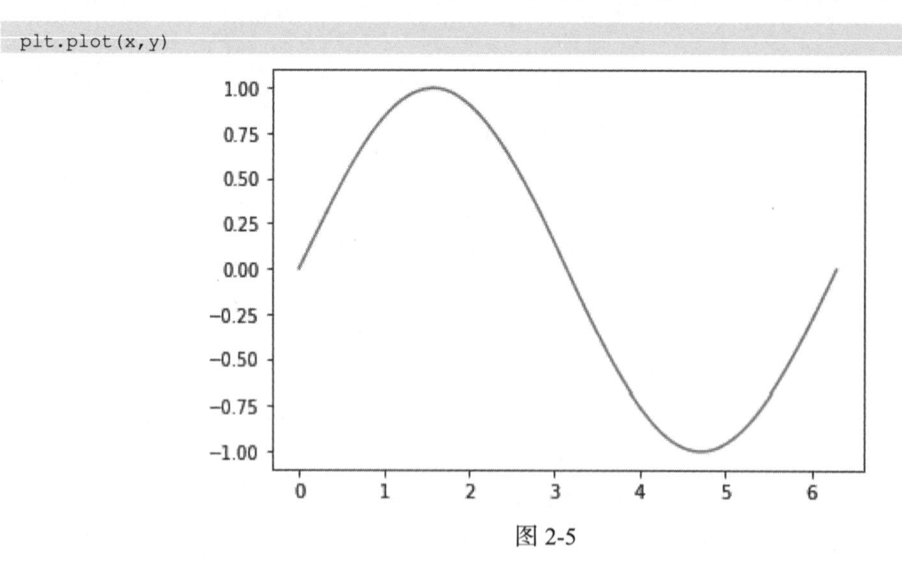

图 2-5

2.4.4　copy 模块

Python 有一个很重要的特点，就是当我们使用等号进行赋值时，并没有进行复制操作，而仅仅是进行了一次绑定操作。我们来看下面的例子。

```
x=[1,2,3,4]
y=x
x[0]=100
print(y)
```

```
[100,2,3,4]
```

可以看到 x 的第一个元素修改后，y 也改变了，因为它们绑定的都是同一个列表对象。代码 y=x 只是让 y 变量和已有的列表对象进行了绑定，或者说 y 只是 x 的引用。如果一定要进行复制操作，就需要使用 copy 模块。使用 copy 模块中的 copy 函数，y 就将 x 完全复制进行了，不会被 x 的修改操作所影响。

```
import copy
x = [1,2,3,4]
y = copy.copy(x)
x[0]=100
print(y)
```

当 x 是复合对象时，例如嵌套列表时，情况变得复杂了，此时 copy 函数进行的是并不完整的复制操作，因为它只能进行所谓的浅复制。

```
x=[[1,2,3,4],[2,3,4,5]]
y=copy.copy(x)
x[0][0]=100
print(y)
```

```
[[100,2,3,4],[2,3,4,5]]
```

对于这种情况，我们需要用另一个函数 deepcopy，来进行所谓的深复制。

```
x = [[1,2,3,4],[2,3,4,5]]
y = copy.deepcopy(x)
x[0][0] = 100
print(y)
```

```
[[1,2,3,4],[2,3,4,5]]
```

2.4.5　collections 模块

我们还会使用 collections 模块中的一些数据结构，例如 namedtuple 类型，它是带有名称的元组。下面的例子中，我们定义了一个几何意义上的点坐标，如果使用传统的元组，需要使用数字编号来取值，使用名称让代码更容易理解。

```
from collections import namedtuple
Point = namedtuple('Point',['x','y'])
p = Point(11,22)
print(p[0]+p[1])
print(p.x+p.y)
```

另一个会用到的是 deque 类型，它也被称为队列，和列表一样，它可以被遍历，也可以增加元素。它的一个重要特点在于，当指定了最大容量后，新增加的元素补充进右侧尾部，最左侧头部的元素则会被删除。这样实现了先进先出的设计需求。

```
from collections import deque
d = deque('ghi',maxlen=4)
d.append('j')
print(d)
d.append('k')
print(d)
```

```
deque(['g','h','i','j'],maxlen=4)
deque(['h','i','j','k'],maxlen=4)
```

2.5 本章小结

本章先介绍了如何准备 Python 编程环境，也就是安装 VS Code 和 Anaconda，以及相关插件。然后带领读者编写了第一个入门小游戏，这是一个以终端为输出界面的井字棋游戏。读者可以用这个例子来熟悉 VS Code 的编辑和调试功能。随后我们基于面向对象编程的设计思路重构了井字棋游戏的代码。读者可以观察代码重构前后的差别，体会、理解面向对象编程。通过这个例子，我们还介绍了 Python 中关于类的编写方法。最后介绍了几个后续会用到的 Python 模块。

在第 3 章中，我们将开始 Pygame 的介绍，这个模块可以用来开发真正有趣的游戏，在这个过程中我们会大量地使用类和对象。

第 3 章　Pygame 基础知识

第 2 章中我们编写的井字棋游戏是基于终端窗口来输出游戏信息的，整体比较简陋。真正的游戏需要创建一个窗口，并且需要有各种可交互的图形元素，还要有音效、互动。要达到这个目标，我们需要依赖一些已有的“轮子”或“框架”来编写更好玩、更有趣的游戏。本章将介绍 Pygame 的基础知识。Pygame 是用于编写计算机视频游戏的 Python 模块集合。它是基于历史悠久的 C 语言 SDL（simple DirectMedia layer，开放源代码的跨平台多媒体开发库）实现的功能模块。Pygame 在 2000 年被发布为一个社区项目，人们可以免费使用它来创建开源、免费的软件，以及共享软件和商业游戏。在 2020 年，也就是 Pygame 诞生 20 周年之际，其版本升级到了 2.0 版本。

Pygame 简单易用，代码少，很多学校使用 Pygame 进行计算机课程的教学。它已经被数百万用户进行了测试。它能兼容各类操作系统，使用它开发的游戏软件能很好地在不同系统上运行。Pygame 的安装很简单，在保持联网的条件下，打开一个终端，调用 pip 命令安装即可。安装完成后，可以运行 stars 示例来检查安装是否成功。

```
pip install pygame
python -m pygame examples stars
```

3.1　Pygame 的 Hello World

我们先试着基于 Pygame 写一个简短的程序——创建一个窗口，并在窗口标题上显示 Hello World。

```
import pygame


#Initiailze pygame
pygame.init()

#Create a display surface and set its caption
WINDOW_WIDTH = 600
```

```
WINDOW_HEIGHT = 300
display_surface = pygame.display.set_mode((WINDOW_WIDTH,WINDOW_HEIGHT))
pygame.display.set_caption("Hello World")

#The main game loop
running = True
while running:
    #Loop through a list of Event objects that have occurred
    for event in pygame.event.get():
        print(event)
        if event.type == pygame.QUIT:
         running = False

#End the game
pygame.quit()
```

首先使用 import 来加载 pygame 模块，然后使用 pygame.init 函数进行初始化，以做好所有的准备工作。这两行代码基本上都会写在程序的最前面。之后用 pygame.display.set_mode 定义将要创建的窗口的大小，它会返回一个窗口对象，这个窗口对象类似于画家的画布，后续所有的内容都会描绘在这张画布上。set_caption 函数则定义了窗口标题。读者可以尝试运行到目前为止介绍的代码。此时你会发现它们做的事很少，就是打开一个窗口，然后关闭该窗口，因为代码运行到此就结束了。为了让窗口一直开启并和用户产生交互，我们需要一个循环来让代码一直运行，直到用户主动关闭窗口。我们称这个循环为游戏主循环。

在定义游戏主循环前需要定义一个逻辑变量 running，用于表示运行状态，随后使用 while 语句来定义游戏主循环。为了和用户进行交互，程序需要监听各种用户行为，这些用户行为在 pygame 中被称为事件（event）。pygame 会使用 pygame.event.get 函数来获取所有监听到的事件。就好像人类会使用各种感官来收集外界信息一样，pygame 也会收集各种事件，例如用户按了键盘按键，或者移动了鼠标。所以需要使用一个 for 循环来遍历当前监听到的事件。为了便于初学者熟悉这些事件，可以用 print 函数把这些事件输出以进行观察，读者可以尝试按键盘按键或移动鼠标看看会输出什么信息。当然监听事件最重要的功能之一是和用户交互，在这个简单程序里，我们只关心一个事件，就是用户单击窗口右上角关闭按钮来关闭窗口的事件，这个事件被称为 QUIT 事件。所以后续使用一个条件判断，判断当监听到的事件中出现 QUIT 时，则将 running 变量设置为 False，此时游戏主循环会退出。然后代码执行到 pygame.quit 以结束整个程序。

完整代码参见 ch03_01.py 文件。代码运行的效果如图 3-1 所示。

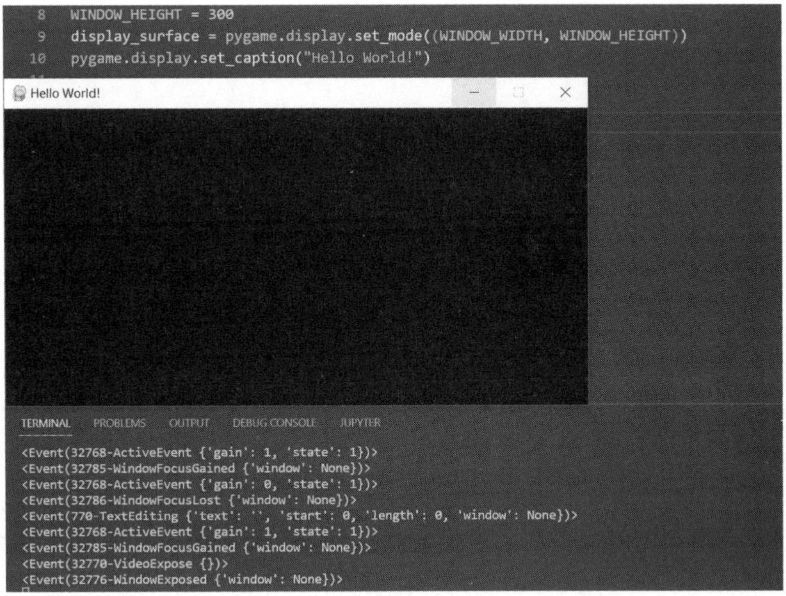

图 3-1

3.2　显示图形

3.1 节中只会创建窗口的程序稍微简单了些，让我们为它添加一些功能，让它能显示一些图形。这只需要添加几行代码。下面是新增的代码片段。

```
#Define colors as RGB tuples

WHITE = (255,255,255)
BLUE = (0,0,255)


#Give a background color to the display
display_surface.fill(WHITE)

#Circle(surface,color,center,radius,thickness...0 for fill)
pygame.draw.circle(display_surface,BLUE,(WINDOW_WIDTH//2,WINDOW_HEIGHT//2),150)

#Rectangle(surface,color,(top-left x,top-left y,width,height))
Pygame.draw.rect(display_surface,BLUE,(0,0,100,100))

#Update the display
```

```
Pygame.display.update()

#The main game loop
running = True
```

原来的代码中头尾两端的代码没有变化，只是在中间增加了几行代码。在增加的代码中先定义了两个常量 WHITE 和 BLUE，它们分别保存了两个元组，每个元组里有 3 个数字，这 3 个数字分别表示红、黄、蓝三原色信息，在这 3 个数字的取值范围最小值为 0，最大值为 255。三原色的不同组合可以表示所有颜色，这两个常量就分别表示了白色和蓝色。

接着使用 display_surface.fill 函数将窗口的背景色定义为白色，如果不定义，窗口的背景色将默认为黑色。之后使用 draw 函数绘制两个图形，分别是圆形和矩形，绘制的参数包括窗口对象、颜色，以及绘制位置。圆形的绘制位置需要定义圆心所在位置，这里使用了窗口的中心位置来表示，也就是窗口长度和宽度的一半，半径参数值为 150。矩形的绘制位置需要定义 4 个数字，前 2 个数字表示矩形左上角顶点的位置（画布左上角顶点为“0, 0”），后 2 个数字表示矩形的宽度和高度。这两个图形绘制后并不会马上出现在屏幕上，而是经过调用 pygame.display.update 函数才能显示。因为所有绘制的命令都只是将绘制对象放置在内存缓冲区中，调用 update 才会将内存缓冲区的对象真正显示在屏幕上。这种缓冲机制是为了让显示过程更为流畅，这就是我们在第 1 章提到的缓冲机制。

完整代码参见 ch03_02.py 文件。代码绘制的图形显示效果如图 3-2 所示。

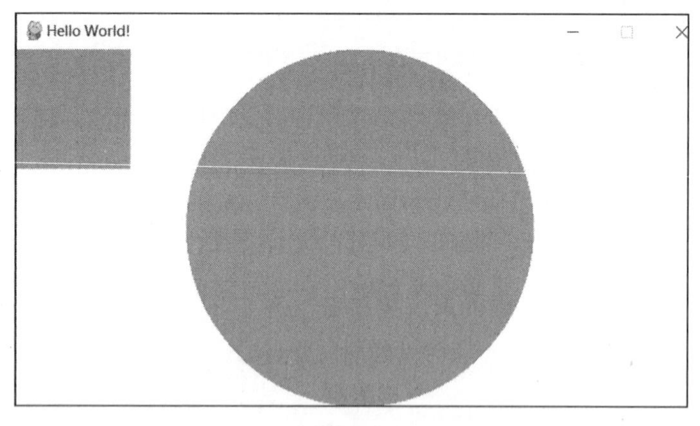

图 3-2

3.3 键盘和鼠标交互

3.2 节的例子只进行了静态的绘图，让我们再为其添加一些功能，让图形颜色能随着用户交互进行变换。用户单击鼠标，则更改矩形颜色；用户输入不同的字母，则更改圆形颜色。让我们来看下面的代码片段。

```
#Define colors as RGB tuples
WHITE = (255,255,255)
BLUE = (0,0,255)
GRAY = (127,127,127)

#Give a background color to the display
display_surface.fill(WHITE)
circle_color = rect_color = BLUE

#The main game loop
running = True
while running:
    for event in pygame.event.get():
        if event.type == pygame.QUIT:
            running = False

        if event.type == pygame.KEYDOWN:
            if event.key == pygame.K_b:
                circle_color = BLUE
            elif event.key == pygame.K_g:
                circle_color = GRAY

        if event.type == pygame.MOUSEBUTTONDOWN:
            if rect_color == BLUE:
                rect_color = GRAY
            else:
                rect_color = BLUE

#Circle(surface,color,center,radius,thickness...0 for fill)
Pygame.draw.circle(display_surface,circle_color,(WINDOW_WIDTH//2, WINDOW_HEIGHT//2),150)

#Rectangle(surface,color,(top-left x,top-left y,width,height))
pygame.draw.rect(display_surface,rect_color,(0,0,100,100))

#Update the display
Pygame.display.update()
```

这里我们增加一种颜色，即灰色，并将 circle_color 和 rect_color 的初始值定义为蓝色。在监听事件的 for 循环中增加两个条件判断，其中一个条件判断用来判断用户是否输入了 b 或 g，如果用户输入 b，也就是当条件 event.key= =pygame.K_b 满足时，则将 circle_color 赋值为蓝色，如果用户输入 g，也就是当条件 event.key= =pygame.K_g 满足时，则赋值为灰色；另一个条件判断用来判断是否发生了鼠标单击，当事件类型为 pygame.MOUSEBUTTONDOWN 时，也就是发生了鼠标单击时，则对 rect_color 进行开关操作。

因为这种交互操作会实时改变图形颜色，所以要将绘图函数也放在游戏主循环内，update 函数也紧跟其后。这样每一次循环时，都会监听事件，判断事件是否满足条件，并重新绘制图形，更新屏幕显示。对于这样一次循环，我们称之为 1 帧。现在的计算机速度都非常快，运行 1 帧只需要几毫秒。完整代码参见 ch03_03.py 文件。

3.4 加载图片和文字资源

前面的例子里，我们绘制了不同的图形，并且学习了如何处理用户交互操作。在本节中我们希望能使用自定义的图片，这些图片将成为游戏中有趣的元素。我们还要在窗口中增加文字。让我们来看下面的代码片段。

```
#We can then get the rect of the surface and use the rect to position the image
dragon_image = pygame.image.load("dragon_right.png")
dragon_rect = dragon_image.get_rect()
dragon_rect.center = (WINDOW_WIDTH//2,WINDOW_HEIGHT//2)

font = pygame.font.Font('WenQuan ttf',32)
text = font.render("飞龙在天",True,GRAY,WHITE)
text_rect = text.get_rect()
text_rect.center = (WINDOW_WIDTH//2,text_rect height//2)

#The main game loop
running = True
while running:
    for event in pygame.event.get():
        if event.type == pygame.QUIT:
            running = False

    #Blit(copy) a surface object at the given coordinates to our display
    display_surface.blit(dragon_image,dragon_rect)
    pygame.draw.rect(display_surface,GRAY,dragon_rect,4)
    display_surface.blit(text,text_rect)

    #Update the display
    pygame.display.update()
```

图片需要用到图片文件，文字需要用到字体文件，因此对这两个对象的处理都需要调用外部资源。调用的基本思路是先导入外部资源，然后在游戏主循环中绘制图形和输出文字。我们先看看对于图片是如何处理的，首先使用 pygame.image.load 函数加载图片文件 dragon_right.png，它需要和代码文件放在同一个目录下。图片文件加载后得到一个 Surface 对象，Surface 对象代表图形，也就是我们将要绘制在画布上的内容，将它保存为变量 dragon_image。我们还需要设置图形绘制在画布上的位置。设置位置有一个特别的函数可以调用，就是 get_rect。通过这个函数可以获取图片边框的大小和位置。我们一般通过定义矩形框的位置来定义图片的位置。这里将矩形框的中心点定义为屏幕中心。要注意由于缓冲机制，它并不会直接显示在屏幕上。

我们再来看看如何处理文字。首先使用 pygame.font.Font 函数来加载字体文件，这里事先下载了文泉驿开源字体文件，和图片文件一样，字体文件也需要和代码文件放到同一目录下。字体文件加载后得到一个字体对象，再使用 render 函数把它渲染成一个 Surface 对象。在 render 函数里设置要显示的文字内容和颜色等信息。和图片处理一样，我们通过文字周围的矩形框来设置其位置。

最后在游戏主循环内部使用 display_surface.blit 函数来显示图片和文字。为了让读者对图片周围的矩形框进行深入了解，这里使用了 draw.rect 函数显示这个矩形框。如果只是单独显示图片，这行代码并不是必要的。

完整的代码可以参考 ch03_04.py 文件。代码运行的显示效果如图 3-3 所示。

图 3-3

3.5　增加音效和运动

游戏中怎么能缺少音效和运动呢？我们的目标是让龙头可以在窗口内自由移动，如果碰到边界能改变方向进行反弹，并且能发出声音。下面来看代码应该怎么写。

```
text_rect.center = (WINDOW_WIDTH//2,text_rect.height//2)

sound_1 = pygame.mixer.Sound('sound_1.wav')
speed = [2,2]
fpsClock = pygame.time.Clock()

running = True
while running:
    for event in pygame.event.get():
        if event.type == pygame.QUIT:
            running = False

    dragon_rect.x += speed[0]
    dragon_rect.y += speed[1]

    if dragon_rect.left < 0 or dragon_rect.right > WINDOW_WIDTH:
        speed[0] = -speed[0]
        sound_1.play()
    if dragon_rect.top < 0 or dragon_rect.bottom > WINDOW_HEIGHT:
        speed[1] = -speed[1]
        sound_1.play()

    display_surface.fill(WHITE)
    display_surface.blit(dragon_image,dragon_rect)
    display_surface.blit(text,text_rect)

    pygame.display.update()
    fpsClock.tick(60)
```

这里加载图片文件和字体文件部分的代码和之前的代码一样，由于新增了声音，所以用 pygame.mixer.Sound 函数来定义声音资源。之后定义一个列表变量，以设置移动的速度，也就是每次循环增加 2 个像素的距离。pygame.time.Clock 用于创建一个时钟对象来监控程序运行的时间，其用处我们会在后面看到。

我们希望龙头能每次循环移动一步，或者说每帧移动一步，因此在游戏主循环内部对图片边框的坐标进行了修改，以控制龙头移动。dragon_rect.x += speed[0]的作用就是每帧将龙头横坐标增加 2 个像素。之后如果龙头碰到了边界，则改变移动方向，同时播放声音。注意在运动场景下，需要把背景色定义也放到游戏主循环中，然后显示图片和文字。图片边框的坐标每次循环时都会变化，图片显示的位置也会变化，这样龙头看起来就是运动的。

fpsClock.tick(60)的作用是控制游戏主循环的运行速度，读者可以尝试将这行代码进行注释来查看效果。因为计算机的运算速度非常快，每帧运行只需要几毫秒，所以龙头移动将会非常快。为了达到一个合适的游戏速度，在函数中设置参数为 60，也就意味着 1 秒内只会运行 60 次循环，也就是每秒 60 帧。完整的代码可以参考 ch03_05.py 文件。

3.6　连续键盘控制

在 3.5 节的例子中，我们实现了让龙头在窗口内自由移动，本节希望增加的功能是使用键盘来控制龙头的移动。键盘控制通常有两种方式，一种是离散键盘控制，另一种是连续键盘控制。离散键盘控制是指只按一下键盘键即放开，类似于打字；连续键盘控制是指按住某个键不放开。不同键盘控制方式对应的代码不同。有些场景下需要使用连续键盘控制，例如控制角色在场景中连续移动；有些场景下需要使用离散键盘控制，例如控制角色跳跃。我们来看这两种方式在代码上的区别。

```
while running:
    for event in pygame.event.get():
        if event.type == pygame.QUIT:
            running = False
        #离散键盘控制
        if event.type == pygame.KEYDOWN:
            if event.key == pygame.K_LEFT:
                dragon_rect.x -= speed[0]
            if event.key == pygame.K_RIGHT:
                dragon_rect.x += speed[0]
            if event.key == pygame.K_UP:
                dragon_rect.y -= speed[1]
            if event.key == pygame.K_DOWN:
                dragon_rect.y += speed[1]

    #连续键盘控制
    keys = pygame.key.get_pressed()
    if keys[pygame.K_a]:
        dragon_rect.x -= speed[0]
    if keys[pygame.K_d]:
        dragon_rect.x += speed[0]
    if keys[pygame.K_w]:
        dragon_rect.y -= speed[1]
    if keys[pygame.K_s]:
        dragon_rect.y += speed[1]

    display_surface.fill(WHITE)
```

使用离散键盘控制进行角色移动时，利用事件监听来判断角色是否需要移动，在本例中，如果 4 个方向键之一被按下，角色就会发生移动；如果持续按住方向键，角色并不会持续移动。需要角色持续移动时，应使用 pygame.key.get_pressed 函数，它会返回一个字典，字典中的 key 值表示不同按键，value 值表示逻辑值，用来判断某个按键是否被按住。在本例中，我们用键盘上的 A、D、W、S 这 4 个键来分别对应左、右、上、下 4 个方向。读者可以运行代码来了解两种键盘控制方式的区别。完整代码可以参考 ch03_06.py 文件。

3.7 碰撞检测

目前窗口中只有一个角色，正常的游戏里会有多个角色相互作用。例如射击游戏中子弹会和玩家产生交互，如果子弹击中玩家控制的角色则子弹消失，玩家控制的角色死亡。判断子弹是否击中了玩家，就需要利用碰撞检测。其基本的原理就是利用图片的边框信息，当两个角色的边框产生重叠时，就判断为发生了碰撞。我们用一个例子来介绍相关知识。这个例子里，除了龙头的角色，还新增了一个金币的角色，我们希望龙头能吃掉金币，然后在随机位置产生新的金币。

```
coin_image = pygame.image.load("coin.png")
coin_rect = coin_image.get_rect()
coin_rect.x = random.randint(0,WINDOW_WIDTH - 32)
coin_rect.y = random.randint(0,WINDOW_HEIGHT - 32)
```

加载龙头的图片资源之后，加载金币的图片资源。和之前一样，获取对应的边框对象，并将表示边框位置的 x 和 y 坐标分别定义为随机值，这样金币将随机会出现在窗口的某个位置。

```
if dragon_rect.colliderect(coin_rect):
    print("HIT")
    coin_rect.x = random.randint(0, WINDOW_WIDTH - 32)
    coin_rect.y = random.randint(0, WINDOW_HEIGHT - 32)

display_surface.fill(WHITE)
display_surface.blit(text, text_rect)
display_surface.blit(dragon_image, dragon_rect)
display_surface.blit(coin_image, coin_rect)
pygame.draw.rect(display_surface, GRAY, dragon_rect, 1)
pygame.draw.rect(display_surface, GRAY, coin_rect, 1)
```

在游戏主循环内部增加碰撞检测的部分，即对龙头的边框对象 dragon_rect 和金币的边框对象 coin_rect 使用 colliderect 函数来进行检测，如果两个边框发生重叠，也就是发生了碰撞，则函数返回逻辑真值。碰撞发生后，重新设置金币边框的位置，就像是重新产生一枚金币。后续的代码用来绘制背景、绘制文字、绘制图片。代码还绘制了边框，以便读者体会碰撞。读者可以使用 A、D、W、S 这 4 个键来控制龙头尝试吃金币。

完整的代码可以参见 ch03_07.py 文件。代码运行的显示效果如图 3-4 所示。

图 3-4

3.8　一个完整的游戏

通过前面的例子，我们学习了 Pygame 的基础知识，现在可以把这些知识结合起来实现一个完整的游戏，这个游戏叫作吃金币的龙。游戏功能如下。

- 玩家需要控制一个龙头的角色，但是龙头只能在窗口的左侧区域进行上下移动。
- 一枚金币从窗口的右侧区域飞入，玩家需要控制龙头来接住这枚金币。
- 如果成功，则玩家增加 1 分；如果失败，则玩家失去 1 条“命”。
- 窗口上方需要显示玩家当前的分数、生命值，游戏名称等信息。
- 当生命值为 0 时，需要暂停游戏，让玩家确认是否继续。

在这个游戏设计里，我们采用面向对象的方法来编写代码。图 3-5 所示为游戏的类图，我们会设计 3 个类，包括龙头类、金币类和游戏主体类。类中的元素很多，图 3-5 中只显示了部分属性和方法。

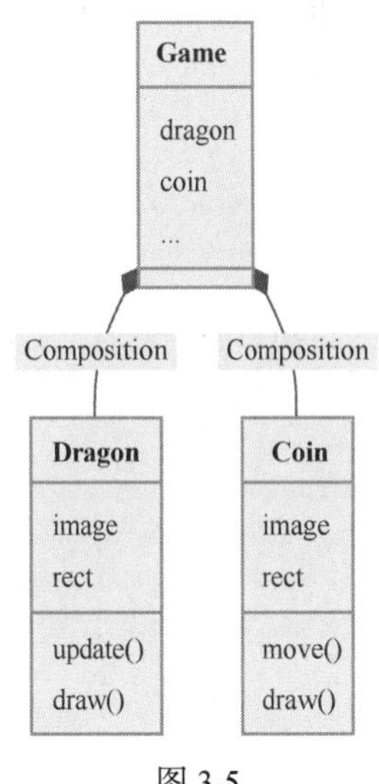

图 3-5

首先定义龙头类 Dragon。这个类很简单，首先在初始化方法里加载图片资源，根据外部形参来设置角色边框的位置，并定义速度变量；然后定义 update 方法来处理输入和位置移动，最后定义绘图方法。

```
class Dragon:
    def __init__(self,x,y):
        self.image = pygame.image.load("dragon_right.png")
        self.rect = self.image.get_rect()
        self.rect.left = x
        self.rect.centery = y
        self.speed = 10

    def update(self,direction):
        self.rect.y += direction * self.speed

    def draw(self,screen):
        screen.blit(self.image,self.rect)
```

然后定义金币类 Coin。其中的初始化方法和 Dragon 类中的类似，另外需要定义 reset 方法用于重置金币角色边框的坐标。

```
class Coin:
    def __init__(self,x,y):
        self.image = pygame.image.load("coin png")
        self.rect = self.image.get_rect()
        self.speed = 10
        self.reset(x,y)

    def reset(self,x,y):
        self.rect.x = x
        self.rect.y = y

    def move(self):
        self.rect.x -= self.speed

    def draw(self,screen):
        screen.blit(self.image,self.rect)
```

最后定义的类是游戏主体类，即 Game 类。在其中的初始化方法里，我们对主窗口进行定义，同时设置了时钟，加载了声音和字体文件，然后将 Dragon 类和 Coin 类进行实例化。

```
class Game:
    GREEN = (0, 255, 0)
    WHITE = (255, 255, 255)
    BLACK = (0, 0, 0)

    def __init__(self,width=1000, height=500):
        pygame.init()
        self.win_width = width
```

```
        self.win_height = height
        self.display_surface = pygame.display.set_mode((self.win_width, self.win_height))
        pygame.display.set_caption("Feed the Dragon")
        self.fps = 60
        self.clock = pygame.time.Clock()
        self.lives = 5
        self.buffer_distance = 100
        self.score = 0
        self.sound = pygame.mixer.Sound("sound_1 wav")
        self.font = pygame.font.Font('WenQuan.ttf', 32)
        self.dragon = Dragon(32,self.win_height//2)
        self.coin = Coin(x=self.win_width+self.buffer_distance,
                         y=random.randint(64, self.win_height - 32))
        self.running = True
        self.is_paused = False
```

接着定义类中的方法，其中为了方便显示文字，先定义一个显示文字的函数，它的输入是文字、颜色、坐标等信息，功能是直接在主窗口中显示相应的文字。

```
    def draw_text(self,text,color,x,y):
        image = self.font.render(text, True, color)
        rect = image.get_rect()
        rect.centerx = x
        rect.centery = y
        self.display_surface.blit(image,rect)
```

我们还需要处理玩家的键盘输入，这可以使用函数 handle_input 来完成。这里采用的键盘控制方式是连续键盘控制。

```
    def handle_input(self):
        keys = pygame.key.get_pressed()
        if keys[pygame.K_UP] and self.dragon.rect.top > 64:
            self.dragon.update(-1)
        if keys[pygame.K_DOWN] and self.dragon.rect.bottom < self.win_height:
            self.dragon.update(1)
```

我们还要考虑金币的移动问题。如果金币移出窗口，则玩家生命值减 1，将金币重置于窗口的右侧区域，否则要将金币位置向窗口的左侧区域移动。

```
    def coin_reset(self):
        self.coin.reset(x=self.win_width+self.buffer_distance,
                        y=random.randint(64, self.win_height - 32))

    def handle_coin(self):
        if self.coin.rect.x < 0:
            self.lives -= 1
```

```
            self.coin_reset()
        else:
            self.coin.move()
```

接着要进行碰撞检测，确定龙头是否接住金币。如果成功接住，则播放声音、增加分数且重置金币位置，并对金币的速度变量进行递增，以增加游戏难度。

```
    def handle_collision(self):
        if self.dragon.rect.colliderect(self.coin.rect):
            self.score += 1
            self.sound.play()
            self.coin.speed += 0 5
            self.coin_reset()
```

代码最多的函数是处理游戏暂停的状态的函数。如果生命值为 0，则进入游戏暂停状态，显示相应文字，暂停循环并等待玩家输入，以判断接下来是继续游戏还是结束游戏。

```
    def check_gameover(self):
        if self.lives == 0:
            self.draw_text("GAME OVER",Game.GREEN,self.win_width//2,self.win_height//2)
            self.draw_text("Press any key to play again",
                           Game.GREEN,
                           self.win_width//2,
                           self.win_height//2+50)
            pygame.display.update()
            self.is_paused = True
            while self.is_paused:
                for event in pygame.event.get():
                    if event.type == pygame.KEYDOWN:
                        self.score = 0
                        self.lives = 5
                        self.coin_reset()
                        self.coin.speed = 10
                        self.is_paused = False

                    if event.type == pygame.QUIT:
                        self.is_paused = False
                        self.running = False
```

此外别忘记编写绘图函数。该函数实现背景的刷新，绘制窗口上方的文字、龙头以及金币。

```
    def draw(self):
        self.display_surface.fill(Game.BLACK)

        self.draw_text("Score: " + str(self.score),Game.GREEN,100,20)
```

```
        self.draw_text("吃金币的龙" ,Game.GREEN,self.win_width//2,20)
        self.draw_text("Lives: " + str(self.lives),Game.GREEN,self.win_width-100,20)

        pygame.draw.line(self.display_surface, Game.WHITE, (0, 64), (self.win_width, 64), 2)
        self.dragon.draw(self.display_surface)
        self.coin.draw(self.display_surface)
        pygame.display.update()
```

最后，我们用 play 函数将整个游戏的逻辑组装进游戏主循环。

```
    def play(self):
        while self.running:
            for event in pygame.event.get():
                if event.type == pygame.QUIT:
                    self.running = False

            self.handle_input()
            self.handle_coin()
            self.handle_collision()
            self.draw()
            self.check_gameover()
            self.clock.tick(self.fps)

        pygame.quit()
```

在代码文件的最后，对类进行实例化，并使用 play 函数开始运行游戏。

```
if __name__ == '__main__':
    game = Game()
    game.play()
```

完整代码可以参见 ch03_08.py 文件。游戏效果的显示如图 3-6 所示。

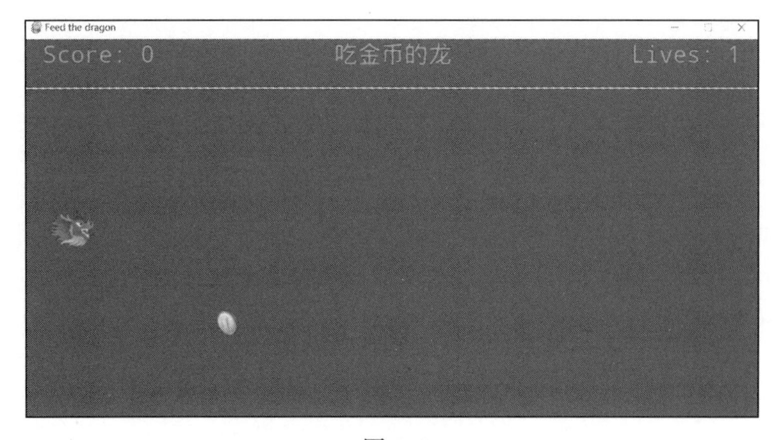

图 3-6

游戏的整体逻辑可以用图 3-7 所示的流程来表示。基本上所有类似的游戏的逻辑都遵循这个流程。

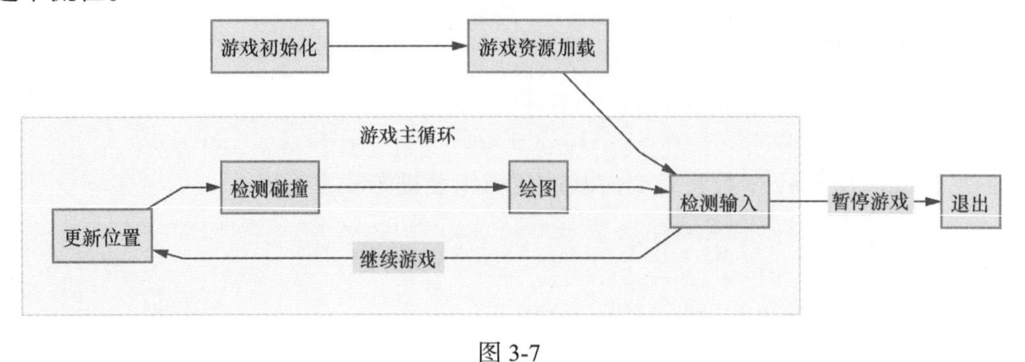

图 3-7

3.9 本章小结

本章介绍了 Pygame 的基本功能，介绍了如何创建窗口、如何在窗口中显示图片和文字、如何实现使用键盘和鼠标进行交互。游戏需要为用户提供丰富的用户体验，因此本章又介绍了如何让图片运动、如何增加声音效果。本章还介绍了两种不同的键盘控制方式，以及必不可少的碰撞检测功能的实现。最后本章基于已经介绍的知识，实现了一个完整的游戏。本章的知识点比较密集，这些知识点是必须掌握的，读者要耐心理解。在第 4 章，我们将会学习用 Pygame 来完成贪吃蛇游戏的制作。这个游戏将更复杂，也更有趣。

第 4 章　贪吃蛇游戏编程

我们已经在第 3 章介绍了 Pygame 的基本知识，接下来我们将基于 Pygame 继续编写一些好玩的小游戏。本章将介绍贪吃蛇游戏的编写。首先介绍贪吃蛇游戏的规则，然后分析其功能需求，以及对应的程序设计思路，最后介绍如何编写代码。

4.1　贪吃蛇游戏介绍

4.1.1　游戏规则

作为一款经典游戏，贪吃蛇游戏的规则并不复杂。在该游戏中，玩家需要控制一条贪吃蛇在一个二维的平面场景里爬行。场景的四周都是墙壁，场景中会随机出现一个果实。如果贪吃蛇吃到果实，会得到一分的奖励；如果贪吃蛇的头部撞到墙壁或撞到自己的身体，就判定为失败，结束游戏。每吃到一个果实，贪吃蛇的身体会增加一个格子的长度。所以随着吃到的果实越来越多，贪吃蛇的身体也会越来越长，游戏难度也就越来越高。玩家需要仔细控制贪吃蛇爬行的方向，在争取吃到果实的过程中，避免贪吃蛇的头部撞到墙壁或自己的身体。

贪吃蛇游戏有一个很重要的特点，在游戏中，贪吃蛇的移动是一种网格类的移动，也就是说贪吃蛇的移动并不是以像素为单位的，而是每次移动一个固定的格子单位。如果游戏场景的大小是 640px×480px，每个格子设置为 16px×16px，那么游戏场景将由 40×30 个格子组成。贪吃蛇的身体也是由格子构成的，每次移动意味着身体的格子中上一个格子移动并占据下一个格子的位置。读者在看代码的实现之前可以思考，如果自己来编写代码，需要如何实现这个游戏呢？

游戏场景如图 4-1 所示。图片中央区域的连续格子表示的是贪吃蛇的身体，其最右侧的格子是贪吃蛇的头部，周围最外侧的格子是需要避免碰撞的墙壁。

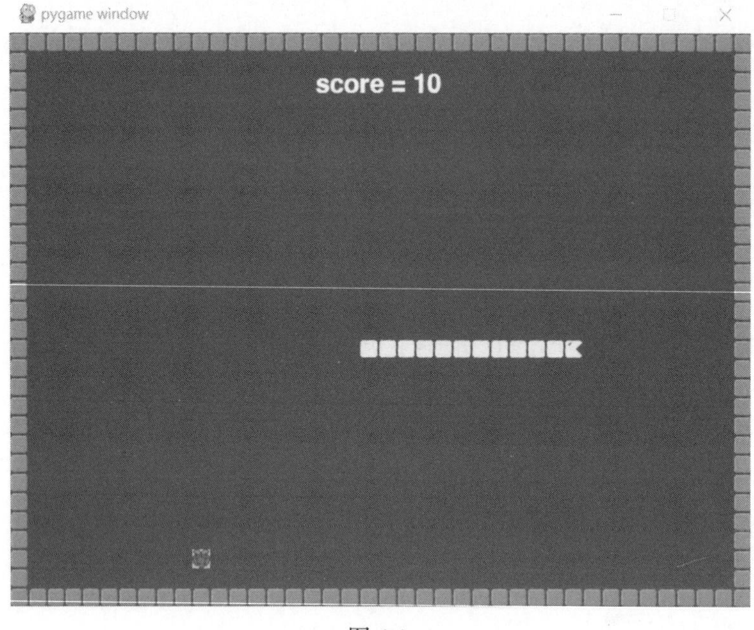

图 4-1

4.1.2 游戏资源

本游戏依赖数种游戏资源：一种是图片资源，包括贪吃蛇的图片文件、墙壁的图片文件、果实的图片文件；一种是声音资源，对于该资源，我们可以直接借用第 3 章中加载的声音文件；还有一种资源是文本文件，表示场景地图。这些资源可以从本书配套的 GitHub 地址下载得到。读者下载这些资源后，可以打开并观察其中的内容。

墙壁和果实的图片文件比较简单，贪吃蛇的图片文件比较特别，需要额外进行介绍，其文件内容如图 4-2 所示。该文件是由 9 张小图构成的，从左往右看，第 1 张小图只有一只眼睛，它代表向右的嘴巴没有张开的蛇头，第 2 张小图多了一张嘴巴，代表向右的嘴巴张开的蛇头。以此类推，第 3 张到第 8 张小图代表了方向向左、向上和向下的蛇头。从位置规律来看，第 1、3、5、7 的位置是嘴巴关闭的蛇头，第 2、4、6、8 的位置是嘴巴张开的蛇头，4 个方向的蛇头一共需要 8 张小图来表示。第 9 个位置上的小图是一个其中没有内容的格子，代表贪吃蛇的身体。这些小图用于表现贪吃蛇向不同方向爬行的动画效果。之所以要把这些表示不同状态的小图整合在一起，是为了加载资源和调用资源更方便。我们加载这一个图片文件之后，就可以用代码来切割出不同状态的小图。具体方法在 4.3.2 小节中讲解。

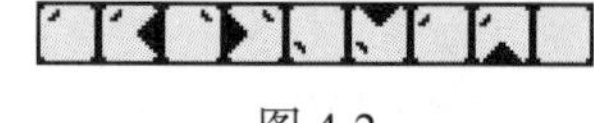

图 4-2

另外还要介绍表示场景地图的文件，这是一个普通的文本文件。通过编程工具打开该文件后，可以看到这个文本文件有 30 行字符串，每一行的字符串由 40 个字符构成，字符要么是 1 要么是 0，而且位于中部的都是 0，位于四周的都是 1。这些字符串实际上定义了贪吃蛇游戏中的场景地图。字符串的一个字符表示地图中一个格子的属性，如果是 0 意味着这个格子可以通行，如果是 1 意味着这个格子是墙壁不可通行。在代码中，我们会根据这些字符来判断贪吃蛇是否撞到墙壁。

4.2　游戏功能和程序设计

4.2.1　游戏功能

本游戏要实现的主要功能如下。

- 贪吃蛇在场景地图中以格子为单位进行爬行。
- 玩家通过键盘方向键来控制贪吃蛇的爬行方向。
- 贪吃蛇吃到一个果实后，身体会增加一个格子的长度，并奖励一分。
- 果实随机出现在场景地图中，如果被贪吃蛇吃到则再随机生成一个。
- 贪吃蛇的头部如果碰到自己的身体或墙壁则游戏结束。
- 在场景地图上方显示分数。

4.2.2　程序设计

我们会用面向对象编程的思想来设计游戏，游戏中包括贪吃蛇、果实和墙壁，因此分别定义 3 个类和游戏主体类。这些类的关系如图 4-3 所示。

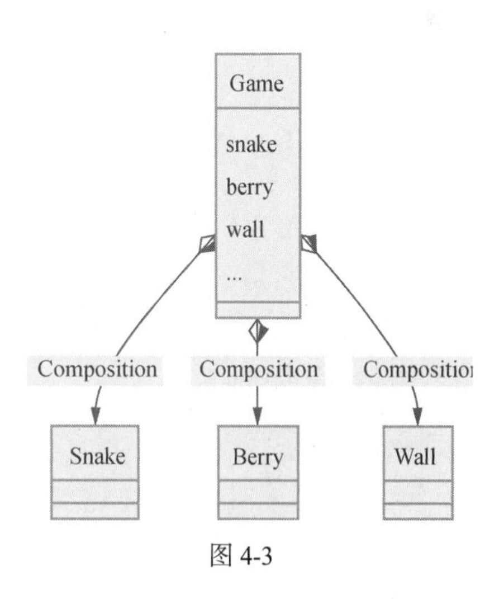

图 4-3

在 Snake 类中，需要加载贪吃蛇图片文件，定义贪吃蛇身体、爬行方向等属性，还需定义贪吃蛇的移动和绘图等函数。

在 Berry 类中，需要加载果实文件，定义位置属性和绘图函数。

在 Wall 类中，加载场景地图文件和图片资源，定义绘图函数。

在 Game 类中，需要初始化场景，定义窗口，初始化上述 3 种对象，定义分值、时钟等属性；在方法中需要定义碰撞检测、绘图和游戏主循环函数。

4.3 代码实现

4.3.1 模块加载、位置和方向

在代码文件中首先加载必要的模块。random 模块在第 2 章介绍过，它在游戏中用于实现果实在随机位置出现。pygame.locals 子模块中包含若干键盘事件常量，能让我们的代码更简洁一些。我们还会用到 collections 模块中的带名称元组，即 namedtuple 对象。

```
import pygame
import random
from collections import namedtuple
from pygame.locals import K_RIGHT,K_LEFT,K_UP,K_DOWN,QUIT
```

使用 namedtuple 来定义元组，元组中只有两个元素，即 x 和 y，这个元组用来表示地图中的坐标位置，要注意的是这里的坐标位置并不是以像素为单位的，而是以地图中的格子为单位的。另外还定义一个 Direction 类来表示方向，这个类并不需要实例化使用，只是利用 4 个类属性值。

```
Position = namedtuple('Point', 'x, y')

class Direction:
    right = 0
    left = 1
    up = 2
    down = 3
```

4.3.2 Snake 类

用 Snake 类来实现贪吃蛇的功能，其初始化函数中包括 blocks 属性，该属性代表贪吃蛇的头和身体，它是一个列表，列表中填充了两个坐标对象，第一个表示头的坐标，第二个表示身体的坐标。current_direction 属性用于记录当前移动的方向，初始方向为向右。最后的代码用于加载图片资源。

```
class Snake:

    def __init__(self,block_size):
        self.blocks=[]
        self.blocks.append(Position(20,15))
        self.blocks.append(Position(19,15))
```

```
        self.block_size = block_size
        self.current_direction = Direction.right
        self.image = pygame.image.load('snake.png')
```

在 Snake 类中需要定义负责蛇移动的 move 函数。贪吃蛇有 4 个可能的移动方向，我们需要根据 current_direction 来判断下一步的移动方向。在游戏场景中，想象一个二维坐标系，当 current_direction 记录的移动方向为向右时，表示向 x 轴的正值方向移动，而且是移动一个格子单位，所以 movesize 设置为（1,0）。如果 current_direction 记录的移动方向为向左，movesize 设置为（-1,0），表示向 x 轴的负值方向移动一个格子单位。

贪吃蛇的移动以格子为单位，等价于在移动方向上定义一个新的头部。新头 new_head 的位置相对于之前头部的位置增加一个格子单位。最后将这个新头插入原来身体列表的最前面。这样就完成了以格子为单位的移动。读者可能会有疑问，蛇头新增加一个格子单位之后，蛇尾为什么并没有删减呢？这是因为对蛇尾的处理需要依赖一个外部条件，就是判断有没有吃到果实，我们会在碰撞检测的代码中来处理这个逻辑。

```
    def move(self):
        if (self.current_direction == Direction.right):
            movesize = (1, 0)
        elif (self.current_direction == Direction.left):
            movesize = (-1, 0)
        elif (self.current_direction == Direction.up):
            movesize = (0, -1)
        else:
            movesize = (0, 1)
        head = self.blocks[0]
        new_head = Position(head.x + movesize[0], head.y + movesize[1])
        self.blocks.insert(0,new_head)
```

handle_input 函数负责与用户交互来控制方向，贪吃蛇的移动有一个重要特性，即不能直接回头。如果当前移动方向是向右的，那么它的后续移动只有 3 种可能：向右、向上或向下。直接回头反向移动是规则禁止的，因为这样头部会碰到自己的身体。所以在 handle_input 函数中需要实现禁止当前移动方向的反方向。例如，如果用户按向右的方向键，则当前贪吃蛇的移动方向不能是向左的。只要当前方向不是向左的，那么就可以将 current_direction 赋值为向右。以此类推，我们基于用户按的方向键和当前方向，综合判断后将 current_direction 进行重新赋值，再调用 move 函数，贪吃蛇就会基于新方向进行移动了。

```
    def handle_input(self):
        keys = pygame.key.get_pressed()
        if (keys[K_RIGHT] and self.current_direction != Direction.left):
            self.current_direction = Direction.right
        elif (keys[K_LEFT] and self.current_direction != Direction.right):
            self.current_direction = Direction.left
```

```
        elif(keys[K_UP] and self.current_direction != Direction.down):
            self.current_direction = Direction.up
        elif(keys[K_DOWN] and self.current_direction != Direction.up):
            self.current_direction = Direction.down
        self.move()
```

draw 函数负责绘制贪吃蛇，贪吃蛇的绘制略为复杂，因为要表现嘴巴一张一闭的动画效果，所以每帧的状态都需要不一样，这里我们用 frame 来跟踪并确定奇数帧和偶数帧。此外，蛇头部的图片和身体的图片不一样，要分开绘制。贪吃蛇由多个格子构成，我们用一个 for 循环来遍历贪吃蛇的身体，即用 blocks 属性对其中的元素分别进行绘制。负责绘图的 blit 函数在第 3 章介绍过，它有 3 个参数，第一个参数代表图片加载后的对象，第二个参数代表绘图的位置坐标，第三个参数代表来源图片的切割坐标。

我们先看第二个参数怎么计算。我们在 blocks 中存放了坐标，这个坐标是以格子为单位保存的，但是绘图是以像素为单位进行的，所以需要从格子单位转换为像素单位，这种转换只需要用格子数乘格子边长的像素数即可。这样，position 变量就代表了身体某个格子的坐标，这个坐标就是绘图函数 blit 的输入参数之一。

再来看第三个参数怎么计算。前面提到过，加载的贪吃蛇图片是由 9 张小图拼接成的，在具体绘制贪吃蛇的某一部分时，要将需要的小图切割出来。如果绘制贪吃蛇的身体，就需要切割位置在最右侧的小图。切割坐标是由 4 个数字定义的，分别是需要的小图的左上角坐标，以及小图的长、宽尺寸。我们需要的第九张小图就是在 else 条件后的语句中定义的。理解了这个逻辑，再理解 if 语句后的代码就容易了，因为需要根据移动方向和游戏帧数来选择切割不同的小图。游戏帧数的取值是 0 或者 1，这样轮换切割张嘴或闭嘴的小图，展现出一种动画的效果。读者可以自行代入具体数字进行理解。

blit 函数是 surface 的方法函数，surface 是窗口对象，我们会通过 Game 类传进来使用。也会将 frame 游戏帧数传进来。

```
    def draw(self,surface,frame):
        for index, block in enumerate(self.blocks):
            position = (block.x * self.block_size, block.y * self.block_size)
            if index == 0: # 切割头用的小图
                src = (((self.current_direction * 2) + frame) * self.block_size,
                       0, self.block_size, self.block_size)
            else: # 切割身体用的小图
                src = (8 * self.block_size, 0, self.block_size, self.block_size)
            surface.blit(self.image, positon, src)
```

4.3.3 Berry 类

Berry 类比较简单，在初始化函数中定义格子大小，并加载图片资源，最后定义初始的位置 position。在绘图函数中，获取图片边框对象 rect，将 position 表示的坐标转换成窗口中的以像素为单位的位置坐标，赋值为 rect 的左上角位置坐标，最后调用 blit 函数绘图。

```
class Berry:

    def __init__(self,block_size):
        self.block_size = block_size
        self.image = pygame.image.load('berry.png')
        self.position = Position(1, 1)

    def draw(self,surface):
        rect = self.image.get_rect()
        rect.left = self.position.x * self.block_size
        rect.top = self.position.y * self.block_size
        surface.blit(self.image, rect)
```

4.3.4　Wall 类

Wall 类负责游戏场景中的地图定义，因此该类的一个核心属性就是 map，Wall 类通过 load_map 函数来解析外部文本文件。load_map 通过 readlines 函数读取文件中每一行字符串，将这些字符串删除换行符后转换成一个嵌套列表，保存在 content 中并返回。负责绘图的 draw 函数的实现思路和之前的思路类似，即遍历地图中的每个字符，如果字符为 1，则在相应位置坐标上绘制一个绿色格子。

```
class Wall:

    def __init__(self,block_size):
        self.block_size = block_size
        self.map = self.load_map('map.txt')
        self.image = pygame.image.load('wall.png')

    def load_map(self,fileName):
        with open(fileName,'r') as map_file:
            content = map_file.readlines()
            content = [list(line.strip()) for line in content]
        return content

    def draw(self,surface):
        for row, line in enumerate(self.map):
            for col, char in enumerate(line):
                if char == '1':
                    position = (col*self.block_size,row*self.block_size)
                    surface.blit(self.image, position)
```

4.3.5 Game 类定义

定义上述 3 个类后，定义最重要的 Game 类。和第 3 章介绍的类似，Game 类的初始化方法中定义了窗口参数和一个绘图窗口对象 surface。另外，初始化方法中还定义了地图的大小，窗口的宽度是 640px，地图中每个格子的边长（即 block_size）定义为 16px，地图的宽度就是 40 个格子（640÷16=40）；因为两侧还有墙壁，所以贪吃蛇可以爬行的地图宽度就是 38 个格子。之后将 Snake、Berry、Wall 这 3 个类实例化。此外的一些参数定义比较容易理解，此处不赘述。需要注意的是，初始化方法的最后运行了 position_berry 函数，用来随机放置果实。

```
class Game:
    WHITE = (255, 255, 255)
    BLACK = (0, 0, 0)
    def __init__(self,Width=640, Height=480):
        pygame.init()
        self.block_size = 16
        self.Win_width , self.Win_height = (Width, Height)
        self.Space_width = self.Win_width//self.block_size-2
        self.Space_height = self.Win_height//self.block_size-2
        self.surface = pygame.display.set_mode((self.Win_width, self.Win_height))
        self.score = 0
        self.frame = 0
        self.running = True
        self.Clock = pygame.time.Clock()
        self.fps = 10
        self.font = pygame.font.Font(None, 32)
        self.snake = Snake(self.block_size)
        self.berry = Berry(self.block_size)
        self.wall = Wall(self.block_size)
        self.position_berry()
```

随机放置果实函数 position_berry 利用了第 2 章介绍的 random 模块来获得两个随机数，这两个随机数表示地图上的坐标位置。有一种特殊情况需要考虑，即如果放置果实的位置正好与贪吃蛇位置重叠，则重新放置果实。

```
    def position_berry(self):
        bx = random.randint(1, self.Space_width)
        by = random.randint(1, self.Space_height)
        self.berry.position = Position(bx, by)
        if self.berry.position in self.snake.blocks:
            self.position_berry()
```

4.3.6　碰撞检测

berry_collision 函数用于判断贪吃蛇有没有吃到果实，如果蛇头坐标和果实坐标一致，说明吃到果实，则重新放置果实并增加分数。如果没有吃到果实，则使用 pop 函数将贪吃蛇身体从尾部删除一个格子。pop 函数的功能要和 move 函数的功能一起使用。在每次调用 move 的过程中，在蛇头的前进方向会紧挨蛇头新增一个格子。如果没有吃到果实，就在蛇尾部删除一个格子，这就表现了贪吃蛇整体前进的效果。

```
def berry_collision(self):
    head = self.snake.blocks[0]
    if (head.x == self.berry.position.x and
        head.y == self.berry.position.y):
        self.position_berry()
        self.score += 1
    else:
        self.snake.blocks.pop()
```

现在我们来编写另外两个碰撞检测函数。head_hit_body 是检测头部是否碰到身体的函数，只需要取出贪吃蛇的第一个元素也就是头部坐标，然后用 in 语句来判断即可，该函数返回逻辑真值或假值。head_hit_wall 函数用于检测头部是否碰到四周的墙壁，地图数据 map 是一个嵌套列表，只要把蛇头坐标放到列表的索引中，判断字符是否为 1 即可，如果判断结果为真，则说明碰到墙壁。

```
def head_hit_body(self):
    head = self.snake.blocks[0]
    if head in self.snake.blocks[1:]:
        return True
    return False

def head_hit_wall(self):
    head = self.snake.blocks[0]
    if (self.wall.map[head.y][head.x] == '1'):
        return True
    return False
```

4.3.7　绘图输出

draw_data 函数用于分数显示，其逻辑和第 3 章例子中的类似。我们将各类中的绘图函数整合起来，再将游戏元素都显示在窗口中，并用 update 进行窗口刷新。

```
def draw_data(self):
```

```
        text = "score = {0}".format(self.score)
        text_img = self.font.render(text, 1, Game.WHITE)
        text_rect = text_img.get_rect(centerx=self.surface.get_width()/2, top=32)
        self.surface.blit(text_img, text_rect)

    def draw(self):
        self.surface.fill(Game.BLACK)
        self.wall.draw(self.surface)
        self.berry.draw(self.surface)
        self.snake.draw(self.surface,self.frame)
        self.draw_data()
        pygame.display.update()
```

4.3.8 游戏主循环

play 函数负责实现游戏主循环，也就是游戏的核心逻辑。play 函数将重要函数进行组装，包括退出游戏函数，以及用户输入处理函数、碰撞检测函数、绘图函数等，最后使用 tick 函数控制游戏速度。

```
    def play(self):
        while self.running:
            for event in pygame.event.get():
                if event.type == QUIT:
                    self.running = False

            self.frame = (self.frame + 1) % 2
            self.snake.handle_input()
            self.berry_collision()
            if self.head_hit_wall() or self.head_hit_body():
                print('Final Score', self.score)
                self.running = False

            self.draw()
            self.Clock.tick(self.fps)

        pygame.quit()
```

在 main 入口中将游戏实例化，运行 play 函数可以开始游戏。完整的代码可以参考配套代码中的 snake.py 文件。

```
if __name__ == '__main__':
    game = Game()
    game.play()
```

4.4　本章小结

本章使用 Pygame 完成了贪吃蛇游戏的开发。在这个游戏中，我们设计并实现了 4 个游戏元素类，分别是 Snake 类、Berry 类、Wall 类和 Game 类。每个类中基本都包括若干紧密关联的属性和方法。学完本章，读者应该对如何基于面向对象编程编写游戏有了初步的认识。

实现贪吃蛇游戏主要有两个难点。一个是贪吃蛇的移动是有限制的，它不以像素为单位移动，而以格子为单位移动，所以需要考虑以格子为单位的坐标和窗口中以像素为单位的坐标之间的转换。另一个是贪吃蛇的移动需要带动画效果。因此在绘图函数中，需要根据不同的方向和帧数的奇偶来切割相应的小图。

贪吃蛇游戏中的地图是使用外部文本文件来定义的。这种文本文件其实就是最简单的关卡编辑器。读者可以尝试修改这个文本文件中的字符 0，把某些地方的字符改成 1，再运行游戏。新的关卡会带来不一样的乐趣。当对本游戏的代码理解透彻之后，还可以尝试在其基础上进行修改，例如在吃到果实后加入别的音效，或者生成两条贪吃蛇供两个玩家对战。

在第 13 章，我们会引入 AI 玩家，AI 玩家会根据贪吃蛇游戏场景信息来自动控制方向，不需要人类玩家的参与。在此之前，读者最好按顺序学习完 AI 基础部分的知识。在第 5 章，我们会介绍另一个经典游戏——打砖块的实现，它涉及新的鼠标控制方式、数学计算以及两人对战模式，让我们继续学习吧！

第 5 章　打砖块游戏编程

在第 4 章我们介绍了如何以面向对象编程的方法来编写贪吃蛇游戏。在本章，我们将介绍打砖块游戏的实现。打砖块游戏的整体结构和贪吃蛇游戏的区别不大，仍然会定义多个游戏元素类，但该游戏会涉及三角函数计算和鼠标控制。此外，我们还会在此基础上编写一个双人对战游戏。

5.1　打砖块游戏介绍

5.1.1　游戏规则

在打砖块游戏中，存在 3 个游戏元素，分别是由玩家控制的球板、飞行的球，以及一组静止的砖块。游戏规则规定球可以自由飞行，如果碰到了场景中左侧、上方和右侧的边界，球会反弹，方向会改变；如果球飞出了下方边界，则游戏失败。由玩家控制的球板在场景下方边界附近，玩家可以控制其左右移动，以阻挡球飞出下方边界。场景中的上方还会有一组砖块，如果球击落砖块，则玩家增加 1 分。游戏的目标就是用球板来挡住球，让球击落更多的砖块以得更多的分。

游戏开始时，球会随机出现在场景中部的位置，并保持静止状态，等待玩家的指令。玩家通过控制鼠标让球开始飞行。如果玩家控制的球板未挡住球，则游戏重新开始。如果所有砖块都被击落或玩家关闭窗口，则游戏结束。

打砖块游戏还要求使用球板来控制球的反弹方向。具体来讲，如果球和球板中间部分碰撞，球会以接近垂直的方向反弹。如果球和球板的偏边缘部分碰撞，球会向两侧边界处反弹。这种碰撞机制赋予了玩家更强的控制能力，让玩家可以更好地控制球反弹的方向，以准确击落目标砖块。

游戏画面如图 5-1 所示。

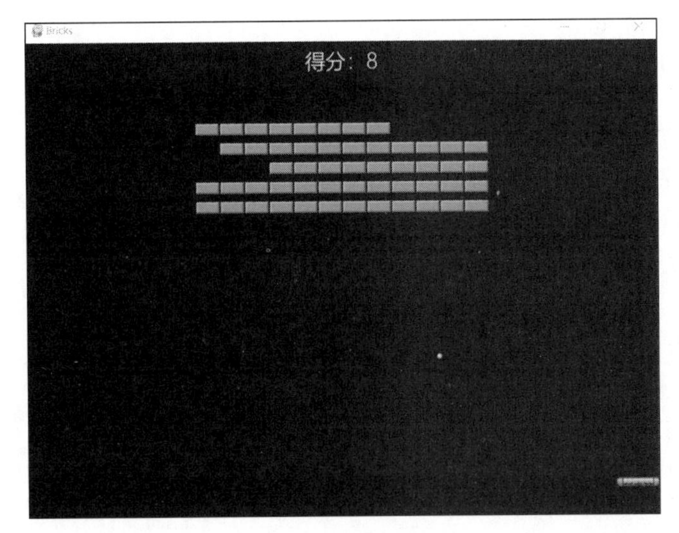

图 5-1

5.1.2　游戏资源

游戏资源包括球板、球和砖块这 3 个游戏元素对应的图片，放置在相应的目录中。读者下载资源后，可以打开相关图片观察其像素大小。

5.2　游戏功能和程序设计

5.2.1　游戏功能

本游戏要实现的主要功能如下。

- 处理用户输入，根据用户的鼠标单击情况控制球是否开始移动，根据鼠标指针的位置来移动球板。
- 控制每一帧球的移动，并判断球和边界的碰撞情况。
- 判断球有没有越过下方边界，如果越过则游戏失败。
- 判断球和球板有没有发生碰撞。如果发生碰撞，则计算碰撞角度，将球进行反弹。为了逐渐增加游戏难度，每次碰撞后球的速度增加。
- 判断球和砖块有没有发生碰撞。如果发生碰撞，则碰撞后球将进行反弹，并计分。
- 在游戏场景上方显示分数。

5.2.2 程序设计

游戏场景中需要处理 3 种角色，即球板、球和砖块，故设计 3 个类来封装 3 种角色对应的数据和函数，然后用一个游戏类来组装它们。打砖块游戏的简化类图如图 5-2 所示。

在 Bat 类中，包含球板的图片对象、用户交互函数，以及绘图方法。

在 Ball 类中，包含球的图片对象、控制球移动的方法、绘图方法，以及游戏重启后的重置函数。

在 Bricks 类中，包含砖块的图片对象和绘图函数。

在 Game 类中，需要定义场景初始化和窗口，初始化上述 3 个类，还需要定义分数、时钟等属性；在方法中需要定义碰撞检测、绘图和游戏主循环函数。

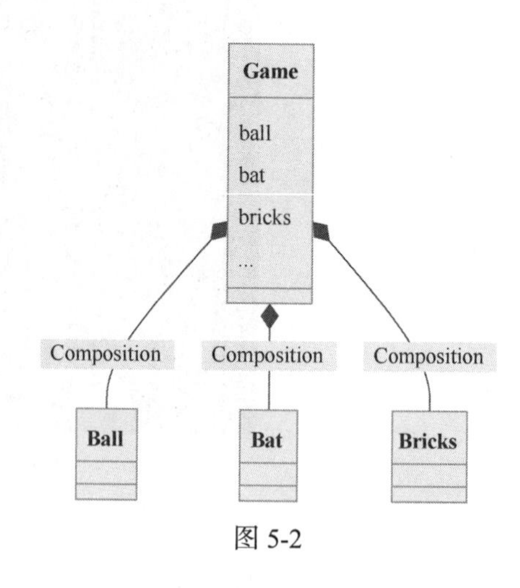

图 5-2

5.3 打砖块游戏代码实现

5.3.1 Bat 类

首先定义球板的类 Bat。在 Bat 类的初始化函数中加载图片资源，读取图片对应的边框对象 rect。这类边框对象为包含 4 个元素的元组，这 4 个元素定义图片左上角坐标和图片尺寸。然后定义 mousey 变量，该变量后续会用于设置球板在窗口中的纵坐标位置。draw 函数是绘图函数，这是显而易见的。

```
class Bat:
    def __init__(self,playerY=540):
        self.image = pygame.image.load('bat.png')
        self.rect = self.image.get_rect()
        self.mousey = playerY

    def draw(self, surface):
        surface.blit(self.image, self.rect)
```

update 函数用于接收输入以更新球板数据，使用 mouse.get_pos 函数来获取鼠标指针坐标，返回的坐标中包含两个值，我们只需要保留第一个值，也就是 x 坐标的值，这是因为我们只需要左右横向移动鼠标指针以控制球板的移动。对 mousex 需要添加条件判断，这是为了避免球板移动到窗口外。最后设置边框对象 rect 的位置，这里让 rect 对象左上角的 x 坐标等于鼠标指针的 x 坐标。显然，根据球板的移动规则，其 y 坐标是一个常量。

```
def update(self,win_width):
    mousex, _ = pygame.mouse.get_pos()
    if (mousex > win_width - self.rect.width):
        mousex = win_width - self.rect.width
    self.rect.topleft = (mousex, self.mousey)
```

5.3.2　Ball 类

定义球的类 Ball 时，初始化函数中依然需要加载图片资源和获取边框。reset 函数用于游戏每次重新开始时，重新定义球的位置。

在 reset 函数中，served 表示是否要让球移动。如果还没有发球，球还处于静止状态，则 served 为逻辑假值；如果球处于移动状态，表示已经发球，则 served 为逻辑真值。这也意味着游戏开始了。

球的初始位置坐标通过 positionX 和 positionY 确定。positionX 是一个随机值，而 positionY 是一个常量（不设置 positionY 为随机值，是为了不让球混入砖块）。让球的边框的左上角和这两个坐标对应的位置对齐，就能让球的出现点随机地位于场景中某个合适的地方。

另外，需要注意球的移动方向和速度。每次球和球板碰撞时，球都会以不同的角度进行反弹。不同的角度意味着球在横轴 x 和纵轴 y 两个方向的速度分量是不一样的。有时 x 方向的速度分量大，y 方向的速度分量小，有时情况则反过来。但球的整体移动速度是需要保持不变的。这里需要基于三角函数对速度进行分解和控制。设置球一开始向右下角方向移动，我们将初始角度定义为 45°，因此 x 方向和 y 方向的速度分量是一样的，这里使用两个三角函数 sin 和 cos 定义速度分量 speedX 和 speedY。

```
class Ball:

    def __init__(self,win_width):
        self.image = pygame.image.load('ball.png')
        self.rect = self.image.get_rect()
        self.reset(win_width)
    def reset(self,win_width,startY=220,speed=5, degree=45):
        self.served = False
        self.positionX = random.randint(0,win_width)
        self.positionY = startY
```

```
        self.rect.topleft = (self.positionX, self.positionY)
        self.speed = speed
        self.speedX = self.speed * sin(radians(degree))
        self.speedY = self.speed * cos(radians(degree))

    def draw(self, surface):
        surface.blit(self.image, self.rect)
```

Ball 类的移动函数是 update，只有当 served 为逻辑真值，也就是球开始移动后，才会运行后续代码。定义 update 函数的代码的前面几行用于控制球的常规的位置移动，将速度分量增加到坐标值上，并重新赋值边框的左上角坐标，使球移动起来。后面的 3 组 if 代码分别用于判断球和上方边界、左侧边界、右侧边界碰撞后的处理方式。

```
    def update(self,win_width):
        if self.served:
            self.positionX += self.speedX
            self.positionY += self.speedY
            self.rect.topleft = (self.positionX, self.positionY)

            if (self.positionY <= 0):
                self.positionY = 0
                self.speedY *= -1

            if (self.positionX <= 0):
                self.positionX = 0
                self.speedX *= -1

            if (self.positionX >=win_width - self.rect.width):
                self.positionX = win_width - self.rect.width
                self.speedX *= -1
```

5.3.3 Bricks 类

砖块的类 Bricks 是最简单的类，其核心属性 contains 是一个列表。用双重循环向列表中写入元素，列表保存若干个 rect 对象，也就是边框对象，每个 rect 中保存着代表砖块的坐标和宽、高的 4 个数字。

此处的数字需要进行说明。因为每个砖块图片的尺寸是宽为 31px，高为 16px，整个砖块集合由 5 行 12 列组成，那么由 12×31 可得出砖块集合的宽度为 372px；将窗口的宽度 800px 减去 372px，再除以 2，可得出砖块集合到窗口两边应该留出的宽度，也就是 214px；横向上砖块是紧密排列在一起的，纵向上每行砖块间可以保留一些空间，所以这里用 24 作为坐标值，是为了留出 24px-16px，即两行砖块间 8px 的空间。

```
class Bricks:

    def __init__ (self,row=5, col=12):
        self.image = pygame.image.load('brick.png')
        self.rect = self.image.get_rect()
        self.contains = []
        for y in range(row):
            brickY = (y * 24) + 100
            for x in range(col):
                brickX = (x * 31) + 214
                rect = Rect(brickX, brickY, self.rect.width, self.rect.height)
                self.contains.append(rect)

    def draw(self, surface):
        for rect in self.contains:
            surface.blit(self.image, rect)
```

5.3.4　Game 类

Game 类的定义，和之前的例子中定义 Game 类相似。这里的 Game 类的初始化方法中也定义了窗口参数和一个绘图窗口对象 surface，并且将 3 种游戏元素的类进行了初始化。这里用 SysFont 来定义操作系统内的字体。如果不清楚自己的操作系统内的字体，可以使用 get_fonts 函数查看。此外还定义了一些常见的变量，这和第 4 章介绍的贪吃蛇游戏中定义变量是类似的。

```
class Game:
    WHITE = (255, 255, 255)
    BLACK = (0, 0, 0)

    def __init__ (self, Width=800,Height=600):
        pygame.init()
        self.Win_width , self.Win_height = (Width, Height)
        self.surface = pygame.display.set_mode((self.Win_width, self.Win_height))
        self.bat = Bat()
        self.ball = Ball(self.Win_width)
        self.bricks = Bricks()
        self.font = pygame.font.SysFont('microsoftyahei',26)
        self.score = 0
        self.Clock = pygame.time.Clock()
        self.fps = 60
        self.running = True
```

```
    pygame.display.set_caption('Bricks')
```

5.3.5 碰撞检测

有两个碰撞检测函数需要编写。其中一个是球和球板之间的碰撞检测函数，即 bat_collision 函数，这里使用了 rect 的特有方法 colliderect 来实现碰撞检测，它可以对两个 rect 对象进行判断。只要球的边框和球板的边框产生重叠，就满足碰撞条件。当条件满足时，首先会将球的底部坐标设置在球板上部位置，以准备向上反弹。这样处理是为了避免二者发生罕见的侧面碰撞。每次碰撞后，为了增加游戏难度，球的速度将少量增加。

随后代码的计算逻辑是计算反弹角度和方向，这个计算逻辑较复杂。首先计算球的中心位置和球板的中心位置在 x 轴方向的距离 diff_x，如果 diff_x 大于 0，则球和球板撞击在球板的右半部分，反之则在球板的左半部分。然后将 diff_x 的绝对值除以球板宽度的一半，用于计算一个比例 diff_ratio，该比例用于判断撞击位置是更靠近球板的中间，还是更靠近球板的边缘。我们将这个比例和 0.95 相比取最小值。这是因为在某些极端情况下，二者发生侧面碰撞，那么比例会出现大于 1 的情况。此时我们用 0.95 来代替这种极端情况下的比例，然后将比例 diff_ratio 用 asin 函数转换成角度值 theta（asin 函数就是反正弦函数）。角度值 theta 用于后续对速度分量的分解。

当球和球板中间部分碰撞时，diff_x 的绝对值会比较小，diff_ratio 也会比较小，计算出的 theta 和 sin（theta）也会比较小，得到的 x 方向的速度分量 speedX 同样会比较小，那么 speedY 分量会分配到更大的值，所以球的反弹角度会更接近于 90°。反之，如果球和球板的边缘部分碰撞，则 diff_x 的绝对值会比较大，x 方向的速度分量 speedX 也会比较大，球会更偏向朝两边反弹。

当速度分量 speedX 和 speedY 都计算完毕后，对 speedY 求负值，以反转方向，让球向上反弹。最后的条件判断是为了控制反弹方向，如果球碰撞在球板左半部分，则球会朝偏左反弹；碰撞在球板右半部分，则球会朝偏右反弹。当 speedX 大于 0 时，球向右移动，如果碰撞在球板左侧，对 speedX 求负值，以反转方向。当球向左移动，而碰撞在球板右侧时，也会反转方向。

```
def bat_collision(self):
    if self.ball.rect.colliderect(self.bat.rect):
        self.ball.rect.bottom = self.bat.mousey
        self.ball.speed += 0.1
        # 控制反弹角度
        diff_x = self.ball.rect.centerx - self.bat.rect.centerx
        diff_ratio = min(0.95,abs(diff_x)/(0.5*self.bat.rect.width))
        theta = asin(diff_ratio)
        self.ball.speedX = self.ball.speed * sin(theta)
        self.ball.speedY = self.ball.speed * cos(theta)
        self.ball.speedY *= -1
        # 控制反弹方向
```

```
        if (diff_x < 0 and self.ball.speedX > 0) or
            (diff_x > 0 and  self.ball.speedX < 0):
            self.ball.speedX *= -1
```

bricks_collision 函数用来检测球和砖块之间的碰撞。collidelist 函数用来检测一个 rect 对象和一组 rect 对象之间的碰撞，其返回的检测结果存放在 brickHitIndex 中。如果没有发生碰撞，返回的检测结果为-1；如果发生碰撞，则返回砖块列表中的索引。当碰撞发生时，用索引获取被撞到的砖块，再分析球和砖块的碰撞是纵向碰撞还是横向碰撞。如果碰撞时，球的中心坐标小于砖块左侧位置坐标或大于砖块右侧位置坐标，说明球碰撞了砖块的左侧或右侧，则将球的速度分量 speedX 进行反转。另一种情况是球碰撞了砖块的上侧或下侧，此时就将球的速度分量 speedY 进行反转。

随后将被碰撞的砖块从索引 contains 中删除，分数增加 1 分，如果 contains 的长度为 0，意味着所有的砖块都被碰撞了，那么结束游戏。

```
def bricks_collision(self):
    brickHitIndex = self.ball.rect.collidelist(self.bricks.contains)
    if brickHitIndex >= 0:
        brick = self.bricks.contains[brickHitIndex]
        if (self.ball.rect.centerx > brick.right or
            self.ball.rect.centerx < brick.left):
            self.ball.speedX *= -1
        else:
            self.ball.speedY *= -1
        del (self.bricks.contains[brickHitIndex])
        self.score += 1
        if len(self.bricks.contains)==0:
            self.running = False
```

另外，需要函数判断球的底部是否低于窗口下方的边界，满足条件则意味着球将飞出窗口，游戏失败，此时重置球的状态，并将分数设为 0，游戏将重新开始。

```
def check_failed(self):
    if self.ball.rect.bottom >= self.Win_height:
        self.ball.reset(self.Win_width)
        self.score = 0
```

5.3.6　绘图输出

绘图输出函数比较容易编写，这里的方法和第 4 章中贪吃蛇游戏的类似。先定义 draw_data 来输出当前得分，再将所有对象中的绘图函数组合在一起，用于更新所有窗口显示。

```
def draw_data(self):
```

```
        score_text = "得分：{score}".format(score=self.score)
        score_img = self.font.render(score_text, 1, Game.WHITE)
        score_rect = score_img.get_rect(centerx=self.Win_width//2, top=5)
        self.surface.blit(score_img, score_rect)

    def draw(self):
        self.surface.fill(Game.BLACK)
        self.draw_data()
        self.bricks.draw(self.surface)
        self.bat.draw(self.surface)
        self.ball.draw(self.surface)
        pygame.display.update()
```

5.3.7 游戏主循环

我们对游戏主循环并不陌生——play 函数中定义了常见的窗口关闭逻辑，并在事件监听循环中监听鼠标单击操作，即 MOUSEBUTTONUP 事件。如果单击了鼠标，且球还没开始移动，则将 served 设置为逻辑真值，后续代码会基于此条件判断让球移动。bat 的更新函数 update 根据玩家输入控制球板，ball 的更新函数 update 让球进行移动。之后的函数分别用于检测球是否出界、检测球是否和球板碰撞、是否和砖块碰撞。最后绘图并控制游戏帧数。

```
    def play(self):
        while self.running:
            for event in pygame.event.get():
                if event.type == QUIT:
                    self.running = False

                if event.type == MOUSEBUTTONUP and not self.ball.served:
                    self.ball.served = True

            self.bat.update(self.Win_width)
            self.ball.update(self.Win_width)
            self.check_failed()
            self.bat_collision()
            self.bricks_collision()
            self.draw()
            self.Clock.tick(self.fps)

        pygame.quit()
        print('Good Job! Final Score:', self.score)
```

本游戏的 main 入口中运行游戏的代码和贪吃蛇游戏的没有太大的区别。整体代码可以参见 brick.py 文件。读者可以通过阅读并运行完整的代码，来理解打砖块游戏的实现逻辑。顺便试着玩玩该游戏，你能击落所有的砖块吗？

5.4 双人对战游戏

5.3 节中编写的打砖块游戏是一个单人游戏，本节中我们来编写一个类似的双人对战游戏，其界面截图如图 5-3 所示。

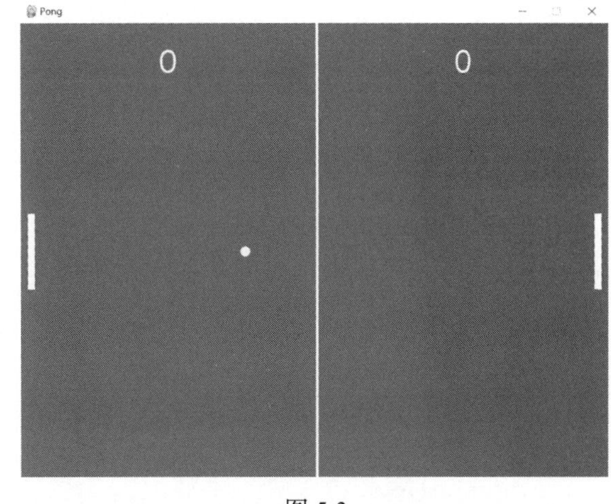

图 5-3

该游戏的玩法就是两名玩家分别控制一块球板，互相击球。该游戏的球和球板的碰撞机制和单人游戏的类似。如果一名玩家出现漏球，则对方得 1 分，最终比较谁的分数更高。因为双人对战游戏和单人游戏很相似，所以我们对游戏设计和机制的解释会简略一些，更关注代码是如何实现的。

首先定义球板的类 Paddle，因为不需要图片资源，所以只绘制一个矩形就可以了。draw.rect 函数会返回一个 rect 对象，它和加载图片返回的边框是一样的类型，用于后续的坐标控制。其他函数包括绘图、移动和重置，都很简单，其代码含义也是显而易见的。

```
class Paddle:
    COLOR = (255, 255, 255)
    VEL = 4
    def __init__ (self, surface, x, y, width, height):
        self.original_x = x
        self.original_y = y
        self.rect = pygame.draw.rect(surface, self.COLOR, (x, y, width, height))

    def draw(self, surface):
        pygame.draw.rect(surface, self.COLOR, self.rect)

    def move(self, up=True):
        if up:
            self.rect.y -= self.VEL
        else:
```

```
            self.rect.y += self.VEL

    def reset(self):
        self.rect.x = self.original_x
        self.rect.y = self.original_y
```

定义球的类 Ball，同样不需要图片资源，而需要用 draw.circle 函数来绘制一个圆形。其他函数的代码含义同样是显而易见的。

```
class Ball:
    MAX_VEL = 8
    COLOR = (255, 255, 255)

    def __init__ (self, surface, x, y, radius):
        self.original_x = x
        self.original_y = y
        self.radius = radius
        self.x_vel = self.MAX_VEL
        self.y_vel = 0
        self.rect = pygame.draw.circle(surface, self.COLOR, (x, y), radius)

    def draw(self, surface):
        pygame.draw.circle(surface, self.COLOR, (self.rect.centerx,
                           self.rect.centery), self.radius)

    def move(self):
        self.rect.x += self.x_vel
        self.rect.y += self.y_vel

    def reset(self):
        self.rect.centerx = self.original_x
        self.rect.centery = self.original_y
        self.y_vel = 0
        self.x_vel *= -1
```

Game 类的初始化函数生成窗口，实例化 Ball 对象。注意，因为本游戏是双人对战游戏，所以需要实例化两个 Paddle 对象，同时定义双方的分数。

```
class Game:
    WHITE = (255, 255, 255)
    BLACK = (0, 0, 0)
    def __init__ (self, Width=800,Height=600):
        pygame.init()
        self.Win_width , self.Win_height = (Width, Height)
        self.surface = pygame.display.set_mode((self.Win_width, self.Win_height))
        self.paddle_width = 10
        self.paddle_height = 100
```

```
        self.ball_radius = 7
        self.win_score = 10
        self.ball = Ball(self.surface,
                         self.Win_width // 2,
                         self.Win_height // 2,
                         self.ball_radius )
        self.left_paddle = Paddle(self.surface,10,
                              self.Win_height//2 - self.paddle_height//2,
                              self.paddle_width,
                              self.paddle_height)
        self.right_paddle = Paddle(self.surface,self.Win_width - 10 - self.paddle_width,
                               self.Win_height//2 - self.paddle_height//2,
                               self.paddle_width, self.paddle_height)
        self.left_score = 0
        self.right_score = 0
        self.fpsClock = pygame.time.Clock()
        self.font = pygame.font.SysFont("comicsans", 40)
        pygame.display.set_caption('Pong')
```

绘图函数的几个主要部分先显示双方的分数，再显示双方的球板，并在中间显示一条中线表示分界线，最后显示球。

```
    def draw(self):
        self.surface.fill(self.BLACK)
        left_score_text = self.font.render(f"{self.left_score}", 1, self.WHITE)
        right_score_text = self.font.render(f"{self.right_score}", 1, self.WHITE)
        self.surface.blit(left_score_text,
                          (self.Win_width//4 -left_score_text.get_width()//2,
                           20))
        self.surface.blit(right_score_text,
                          (self.Win_width * (3/4) -right_score_text.get_width()//2,
                           20))

        self.left_paddle.draw(self.surface)
        self.right_paddle.draw(self.surface)
        pygame.draw.line(self.surface, self.WHITE,(self.Win_width//2,0),
                         (self.Win_width//2,self.Win_height),width=4)
        self.ball.draw(self.surface)
        pygame.display.update()
```

paddle_collision 函数用于处理球和球板碰撞后的情况。判断球中心是否处于球板顶部和底部之间，就是为了确认是否发生意外的侧面碰撞。colliderect 函数用于确认二者发生碰撞时是否将球的 x 方向的速度分量进行反转。最后需要计算球和球板的相对位置，主要是为了丰富双方的进攻手段。当球和球板碰撞的位置越靠近球板中间时，y 方向的速度分量越小；反之当球和球板碰撞的位置越靠近球板边缘时，y 方向的速度分量越大。这样一方面增加了球反弹后的整体速度，另一方面也增大了反弹角度，让对方更难以招架。这里并没有保持球的整体速度在反弹前后的一致。这样，游戏会更好玩不是吗?

```
def paddle_collision(self,paddle):
    if (self.ball.rect.centery >= paddle.rect.top and
        self.ball.rect.centery <= paddle.rect.bottom):
        if self.ball.rect.colliderect(paddle.rect):
            self.ball.x_vel *= -1

            difference_in_y = paddle.rect.centery - self.ball.rect.centery
            reduction_factor = (paddle.rect.height / 2) / self.ball.MAX_VEL
            y_vel = difference_in_y / reduction_factor
            self.ball.y_vel = -1 * y_vel
```

handle_collision 函数用于处理所有的碰撞场景，如果球和上方、下方边界碰撞，则发生反弹；如果球和左侧、右侧边界碰撞，意味着没有接到球，则对应玩家的分数减少，并重置球的位置。最后调用 paddle_collision 函数，分别处理左侧球板和右侧球板的接球情况。

```
def handle_collision(self):
    if self.ball.rect.bottom >= self.Win_height:
        self.ball.y_vel *= -1
    elif self.ball.rect.top <= 0:
        self.ball.y_vel *= -1

    if self.ball.rect.left < 0:
        self.right_score += 1
        self.ball.reset()
    elif self.ball.rect.right > self.Win_width:
        self.left_score += 1
        self.ball.reset()

    if self.ball.x_vel < 0:
        self.paddle_collision(self.left_paddle)
    else:
        self.paddle_collision(self.right_paddle)
```

handle_paddle_movement 函数用于处理玩家输入，W 和 S 键用于对左侧球板进行上下移动，上、下方向键用于对右侧球板进行上下移动。这样两位玩家通过两组不同的按键来控制各自的球板。

```
def handle_paddle_movement(self):
    keys = pygame.key.get_pressed()
    if (keys[pygame.K_w] and
        self.left_paddle.rect.top - self.left_paddle.VEL >= 0):
        self.left_paddle.move(up=True)
    if (keys[pygame.K_s] and
        self.left_paddle.rect.bottom + self.left_paddle.VEL <= self.Win_height):
```

```
            self.left_paddle.move(up=False)
        if (keys[pygame.K_UP] and
            self.right_paddle.rect.top - self.right_paddle.VEL >= 0):
            self.right_paddle.move(up=True)
        if (keys[pygame.K_DOWN] and
            self.right_paddle.rect.bottom + self.right_paddle.VEL <= self.Win_height):
            self.right_paddle.move(up=False)
```

game_is_win 函数用于判断哪一名玩家最终赢得游戏。只要一名玩家得分超过 win_score 的值，就显示提示信息，并将窗口冻结 5s，再重置游戏数据。

```
    def game_is_win(self):
        won = False
        if self.left_score >= self.win_score:
            won = True
            win_text = "Left Player Won!"
        if self.right_score >= self.win_score:
            won = True
            win_text = "Right Player Won!"
        if won:
            text = self.font.render(win_text, 1, self.WHITE)
            self.surface.blit(text,
                             (self.Win_width//2 - text.get_width() //2,
                              self.Win_height//2 - text.get_height()//2))
            pygame.display.update()
            pygame.time.delay(5000)
            self.ball.reset()
            self.left_paddle.reset()
            self.right_paddle.reset()
            self.left_score = 0
            self.right_score = 0
```

最后，将所有游戏逻辑组装在一起构成 play_step 函数。但这里并没有游戏主循环所必需的 while 循环，因为这里处理的只是游戏的一帧，或者说一步。

```
    def play_step(self):
        game_over = False
        for event in pygame.event.get():
            if event.type == pygame.QUIT:
                game_over = True

        self.handle_paddle_movement()
        self.ball.move()
        self.handle_collision()
        self.game_is_win()
        self.draw()
```

```
        self.fpsClock.tick(60)
        return game_over
```

我们将真正的游戏主循环放在模块外层，由 main 入口代码处理，也就是 Game 类里不包含 while 循环，而在 Game 类的外面定义 while 循环，调用 play_step 以运行游戏的每一步。这种游戏主循环处理方式和之前介绍的游戏主循环处理方式的效果是一样的，读者可以在这里先了解这种游戏主循环处理方式，因为在后续介绍 AI 的部分会遇到这种游戏主循环处理方式。

```
If __name__== ' main ':
    game = Game()
    while True:
        game_over = game.play_step()
        if game_over:
            break
    pygame.quit()
```

整体代码可以参见 pong.py 文件。读者可以下载完整文件阅读和运行。

5.5 本章小结

本章简明扼要地讲解了又一款经典游戏的开发。这是我们基于面向对象编程实现的第二款游戏，它的整体思路和第 4 章中贪吃蛇游戏的并没有很大区别。这样可方便我们巩固和掌握面向对象编程知识，并进一步熟悉 Pygame。

本章的游戏编程代码和前面的也有不一样的地方。其一，单人游戏中我们是用鼠标来控制用户交互的。其二，本章的游戏编程涉及一些三角函数等数学计算的任务。其三，我们学习了如何编写双人对战游戏。

如果读者完全理解了本章的游戏代码，就可以尝试对该游戏做一些符合自己需要的修改。例如在单人游戏中，当球击落砖块时，考虑增加一些音效，或者增加一些动画；在双人对战游戏中，考虑把简单的形状改成自己喜欢的图片，或者新增有趣的对抗玩法。

在第 14 章，我们会引入 AI 玩家，AI 玩家会根据游戏场景信息自动移动球板。在第 6 章，我们会介绍又一款经典游戏——笨鸟先飞的实现。这个游戏不论是代码编写难度还是游戏难度，都超过打砖块游戏。让我们更上一层楼吧！

第 6 章　笨鸟先飞游戏编程

我们已经在第 4 章和第 5 章分别使用 Pygame 实现了两款经典游戏的开发，本章我们将会实现第三款经典游戏——笨鸟先飞的开发。这款游戏的复杂之处在于更细致的动画处理、更复杂的游戏得分判断机制和游戏按钮交互。我们仍会以与第 4 章和第 5 章相似的顺序来讲解游戏规则、设计思路和代码实现方法。本章还会介绍类的继承用法。

6.1　笨鸟先飞游戏介绍

6.1.1　游戏规则

在本游戏中，玩家需要控制一只小鸟穿越由钢管组成的丛林。小鸟前进的速度是恒定的，多根钢管会不停地从屏幕右侧出现。上下正对的两根钢管之间会存在一个空隙，玩家需要精确地控制小鸟的飞行姿态来通过这个空隙。此外，小鸟会持续受到重力影响而下坠，玩家单击一次鼠标左键就会给小鸟一次展翅上升的力量。如果小鸟飞得过高，到达屏幕上方边界，或者飞得过低，接触地面，则游戏失败。同样地，如果小鸟撞击到钢管，游戏也会失败。因此玩家的主要目标就是通过鼠标精确控制小鸟的飞行姿态，穿越由钢管组成的丛林。小鸟每穿越一对钢管，玩家分数就增加 1 分。游戏画面如图 6-1 所示。

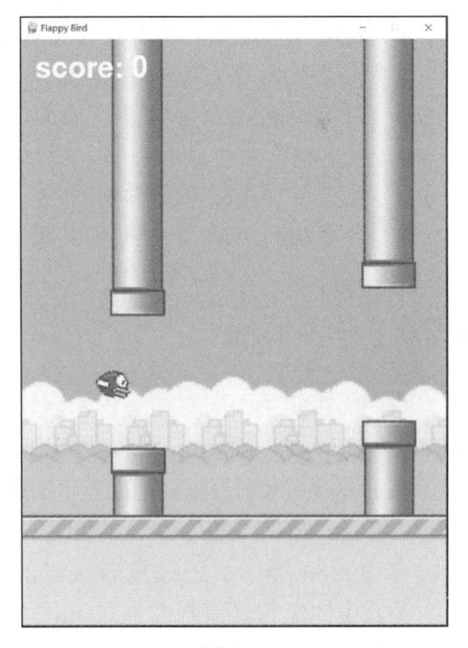

图 6-1

6.1.2 游戏资源

游戏资源有图片和声音两类。图片资源包括游戏中的 5 种视觉元素的图片，分别是游戏背景图片、地面图片、钢管图片、重启按键图片及小鸟图片。为了增加动画效果，其中的小鸟图片包括小鸟的 3 种姿态，以表现翅膀扇动的效果。声音资源包括 4 个文件，其中一个用于持续播放背景音乐，另外 3 个文件用于实现小鸟穿越钢管后的成功音效、失败落地的音效，以及扇动翅膀上升的音效。

图 6-2

图 6-2 所示为 3 种不同的小鸟姿态，其翅膀的位置略有区别。

6.2 游戏功能和程序设计

6.2.1 游戏功能

本游戏要实现的主要功能如下。

- 实现重力效果，并用鼠标控制小鸟的上、下飞行。
- 实现小鸟的飞行动画效果。
- 判断小鸟和上方边界、地面及钢管的碰撞情况，发生碰撞则游戏失败。
- 处理钢管的生成和移动，处理地面的移动。
- 处理当小鸟穿越钢管时加分。
- 当游戏失败后显示重启按键，等待玩家输入。

6.2.2 程序设计

我们仍然使用面向对象编程的设计思想，将游戏中比较复杂的对象封装成类来处理，例如 Bird 类、Pipe 类、Button 类，背景和地面则可以简单处理。类图设计如图 6-3 所示。

在 Bird 类中，处理小鸟的图片加载、飞行控制、动画效果等功能。

在 Pipe 类中，处理钢管的图片加载、随机生成等功能。

在 Button 类中，处理重启按键的图片加载、交互操作等功能。

游戏主体流程还是封装在 Game 类中，该类要实现的主要游戏机制包括初始化场景、定义窗口和各初始变量、实例化游戏角色。游戏主循环中仍包括 3 类典型的游戏逻辑，即处理玩家的输入、更新游戏数据、生成游戏输出。

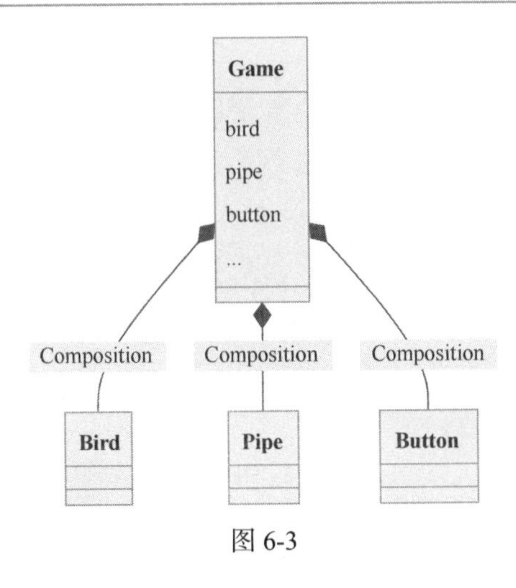

图 6-3

6.3　代码实现

6.3.1　Bird 类

定义 Bird 类使用继承语法。继承是指当我们定义一个类的时候，同时指定它的父类（用圆括号包含要继承的父类名称），这样它就可以具备父类已有的属性和方法。本例中继承的是 pygame 模块中的 Sprite 类，该类是游戏中的基本角色。在代码中使用继承的好处是，Sprite 类中已经写好了很多函数和方法，我们可以直接使用它们而无须从头写代码。

在初始化代码中，super 关键词是我们之前没有遇到过的，它的含义是先运行父类的初始化函数。之后定义一个图片列表 images，用循环来加载 3 个图片资源，这样 images 中就保存了所有的小鸟图片。index 是资源的索引，通过 index 选取的图片保存在 images 中。后续使用时会根据情况改变 index 的值，以显示不同图片，这样可以实现动画效果。接着定义小鸟图片的边框 rect，并加载音效 wing。

此外，flying 用于定义小鸟是否处于飞行状态，failed 用于定义游戏是否处于失败状态。flying 和 failed 这两个变量的逻辑值的组合有 4 种可能，分别用于 4 种场景：场景 1，当游戏刚开始，小鸟准备飞行而没有飞行的时候，flying 为逻辑假值，failed 为逻辑假值；场景 2，游戏正常开始后小鸟处于正常飞行阶段，flying 为逻辑真值，failed 为逻辑假值；场景 3，当小鸟碰到上方边界、地面、钢管导致游戏失败，小鸟死亡且处于垂直下落阶段，还未落到地面时，flying 为逻辑真值，failed 为逻辑真值；场景 4，小鸟死亡并已经垂直下落到地面后，flying 为逻辑假值，failed 为逻辑真值。

```
class Bird(pygame.sprite.Sprite):

    def __init__(self, x, y):
        super().__init__()
        self.images = []
        self.index = 0
        self.counter = 0
        self.vel = 0
        self.cap = 10
        self.flying = False
        self.failed = False
        self.clicked = False
        for num in range (1, 4):
            img = pygame.image.load(f"resources/bird{num}.png")
            self.images.append(img)
        self.image = self.images[self.index]
        self.rect = self.image.get_rect()
        self.rect.center = [x, y]
        self.wing = pygame.mixer.Sound('resources/wing.wav')
```

handle_input 函数负责处理玩家的输入，函数中有两个条件判断。第一个条件判断使用了 mouse.get_pressed 函数，这个函数会返回鼠标左键是否被单击的逻辑值，这里的编号 0 表示鼠标左键未被单击。clicked 变量保存表示鼠标左键是否被单击过的逻辑值。因此第一个条件判断的逻辑就是，如果鼠标左键被单击，而且之前没有被单击过，就将速度变量 vel 设置为-10，速度变量会影响小鸟的位移方向，所以这会让它向上移动，同时播放扇动翅膀上升的音效。函数中使用 clicked=True 是为了避免按住鼠标左键后小鸟持续上升的情况出现。第二个条件判断中，如果鼠标左键没有被单击，就让 clicked 等于 False，以方便第一个条件判断正常运行。

```
    def handle_input(self):
        if pygame.mouse.get_pressed()[0] == 1 and not self.clicked :
            self.clicked = True
            self.vel = -1 * self.cap
            self.wing.play()
        if pygame.mouse.get_pressed()[0] == 0:
            self.clicked = False
```

接下来编写处理动画效果的函数 animation。此处需要实现两种动画效果，一种是表现小鸟不停扇动翅膀的动画效果，另一种是小鸟在上升时头部上仰和下降时头部俯冲的动画效果。

在贪吃蛇游戏开发中我们学习到，在不同的帧中显示不同的图片，这些帧连续显示就会呈现动画效果。在本例中，我们不希望小鸟的翅膀扇动得过快，因此会在游戏每运行 5 帧之后，更换图片显示。counter 用于帧数计算，当其值超过 5 时更换图片，更换的方式是增加索引 index 的值，这样从 image 获取的图片就不一样了。当获取到最后一张图片后，为了避免索引越界，使用求余数的方法让 index 重新等于 0。这样第一种动画效果就编写完成了。

第二种动画效果是用最后一行代码实现的。transform.rotate 函数可以让图片对象进行旋转，函数的第一个参数表示旋转的对象，第二个参数表示旋转的角度。此处我们用小鸟的速度变量 vel 作为旋转角度参数。当小鸟速度为正值时表示小鸟向下飞，让小鸟朝向地面；当小鸟速度为负值时表示小鸟向上飞，让小鸟朝向天空。这样就成功实现了第二种动画效果。

```
def animation(self):
    flap_cooldown = 5
    self.counter += 1
    if self.counter > flap_cooldown:
        self.counter = 0
        self.index + 1
        self.index = (self.index + 1) % 3
        self.image = self.images[self.index]
    self.image = pygame.transform.rotate(self.images[self.index], self.vel * -2)
```

touch_ground 函数用于判断小鸟的底部是否和地面发生碰撞。update 函数用于控制小鸟状态更新，要注意这里有两个状态变量。第一个状态变量是 flying，当小鸟处于飞行状态，也就是 flying 为逻辑真值时，表示游戏开始了，要增加向下的速度以模拟重力加速度的效果，但不要让向下的速度值太大，如果速度值超过 8，就将速度值稳定在 8。在条件判断处调用 touch_ground 函数进行判断，只要小鸟底部还没有碰撞到地面，就根据速度更新小鸟的纵向坐标 y，以表现小鸟下坠效果。第二个状态变量是 failed，当它为逻辑假值时，表示小鸟底部还没有碰撞到地面，需要处理玩家输入和动画效果，否则将小鸟旋转 90°，以表现下坠的效果。

```
def touch_ground(self):
    return self.rect.bottom >= Game.ground_y

def update(self):
    if self.flying :
        self.vel += 0.5
        if self.vel > 8:
            self.vel = 8
        if not self.touch_ground():
            self.rect.y += int(self.vel)
    if not self.failed:
        self.handle_input()
        self.animation()
    else:
        self.image = pygame.transform.rotate(self.images[self.index], -90)
```

在 Bird 类中，我们并没有像之前一样定义绘图函数。这是因为 Bird 类是通过继承 Sprite 类来定义的，draw 函数已经在 Sprite 类中定义好了，我们只需要直接使用即可。当前正常使用 draw 函数的前提是在 Bird 类中要设置好 image 属性。

6.3.2 Pipe 类

Pipe 类表示游戏中的钢管元素，这里也是通过继承 Sprite 类来定义该类。其类属性 scroll_speed 表示钢管的移动速度，pipe_gap 表示两根钢管之间空隙的大小。在初始化函数中，用 passed 表示某根钢管是否被小鸟穿越。

钢管是成对出现的，一种是放置在上方的钢管，另一种是放置在下方的钢管。is_top 表示某根钢管是否放置在上方。我们可以用同一种图片表示这两种钢管，所以对于 is_top 为逻辑真值的钢管，需要用 flip 函数来将图片进行翻转操作，is_top 为逻辑假值的钢管就不需要翻转。

钢管位置是基于外部传入的参数 x 和 y 来确定的。从图 6-1 所示的游戏画面中可以推测出，两根成对出现的钢管的坐标之间存在着紧密的关系。这两根钢管的横坐标 x 是一样的，而位于上方的钢管的底部和位于下方的钢管的顶部纵坐标 y 之间的差值，就可以用来表示空隙的大小。基于以上逻辑，用 bottomleft 位置坐标来控制位于上方的钢管位置，bottomleft 即上方钢管左下角坐标位置，让其坐标 y 值减去一半空隙的大小。用 topleft 位置坐标控制位于下方的钢管位置，topleft 即下方钢管左上角坐标位置，让其坐标 y 值加上一半空隙的大小。这样可以实现让上、下两根钢管横坐标相同、纵坐标相隔一定距离的效果，以留出空隙。

update 函数用于实现位置更新，当钢管右侧位置小于 0，也就是当钢管不断左移且移出屏幕左侧边界后，使用 kill 函数来删除这个钢管对象。kill 函数也是 Sprite 类自带的函数，我们可以直接使用。

```
class Pipe(pygame.sprite.Sprite):
    scroll_speed = 4
    pipe_gap = 180
    def __init__(self, x, y, is_top):
        super().__init__()
        self.passed = False
        self.is_top = is_top
        self.image = pygame.image.load("resources/pipe.png")
        self.rect = self.image.get_rect()

        if is_top :
            self.image = pygame.transform.flip(self.image, False, True)
            self.rect.bottomleft = [x, y - Pipe.pipe_gap // 2]
        else:
```

```
            self.rect.topleft = [x, y + Pipe.pipe_gap // 2]
    def update(self):
        self.rect.x -= Pipe.scroll_speed
        if self.rect.right < 0:
            self.kill()
```

6.3.3 Button 类

Button 类用于创建按键，在初始化函数中加载资源和定义边框。pressed 函数用于捕捉玩家的鼠标单击事件。在条件判断中，首先要确定此事件是否为鼠标单击事件，如果是则通过 get_pos 函数获取单击鼠标时鼠标指针的坐标位置。然后调用按键的边框的方法函数 collidepoint 来计算单击坐标是否在边框内部。这样通过两个条件来判断是否在按键内单击鼠标，如果是则返回逻辑真值。

```
class Button:
    def __init__(self, x, y):
        self.image = pygame.image.load('resources/restart.png')
        self.rect = self.image.get_rect(centerx=x,centery=y)

    def pressed(self, event):
        action = False
        if event.type == MOUSEBUTTONDOWN:
            pos = pygame.mouse.get_pos()
            if self.rect.collidepoint(pos):
                action = True
        return action
    def draw(self,surface):
        surface.blit(self.image, self.rect)
```

6.3.4 Game 类

Game 类用来定义游戏主体流程。先用类属性 ground_y 定义地面在显示窗口中的纵坐标位置，接着在初始化函数中定义窗口，ground_x 用来定义地面在显示窗口中的横坐标位置。observed 是一个字典，用于保存一系列信息，这里创建的 pipe_group 和 bird_group 是两个空集合，用于保存一组钢管角色和一组小鸟角色。创建 Bird 对象后，bird_group.add 用于将对象角色加入集合中。当然，小鸟集合中只会有这一个对象。集合方便我们统一管理所有角色对象，并且进行如位置移动和绘图等操作时都会更方便。在代码的尾部，我们使用 new_pipes 函数增加钢管，使用 mixer.music.load 加载背景音乐。

```
class Game():
    ground_y = 650
    def __init__(self,Width=600,Height=800):
        pygame.init()
        self.Win_width , self.Win_height = (Width, Height)
        self.surface = pygame.display.set_mode((self.Win_width, self.Win_height))
        self.ground_x = 0
        self.score = 0
        self.pipe_counter = 0
        self.observed = dict()
        self.Clock = pygame.time.Clock()
        self.fps = 60
        self.font = pygame.font.SysFont('Bauhaus 93', 60)
        self.images = self.loadImages()
        self.sounds = self.loadSounds()
        self.pipe_group = pygame.sprite.Group()
        self.bird_group = pygame.sprite.Group()
        self.flappy = Bird(100, self.ground_y // 2)
        self.bird_group.add(self.flappy)
        self.new_pipes(time=0)
        self.button = Button(self.Win_width//2 , self.Win_height//2 )
        pygame.display.set_caption('Flappy Bird')
        pygame.mixer.music.load('resources/BGMUSIC.mp3')
        pygame.mixer.music.play(-1)
```

初始化中加载资源的函数都不复杂，loadImages 用于加载背景和地面两种图片，并将其保存在字典中。loadSounds 用于加载两种音效。

```
    def loadImages(self):
        background = pygame.image.load('resources/bg.png')
        ground = pygame.image.load('resources/ground.png')
        return {'bg':background, 'ground':ground}

    def loadSounds(self):
        hit = pygame.mixer.Sound('resources/hit.wav')
        point = pygame.mixer.Sound('resources/point.wav')
        return {'hit':hit, 'point':point}
```

在游戏失败后，我们需要重启游戏，这里的 reset_game 函数用于清空当前场景中的钢管、重建新的钢管、重置小鸟位置，以及重置分数和观察信息。

```
    def reset_game(self):
        self.pipe_group.empty()
        self.new_pipes(time=0)
        self.flappy.rect.x = 100
        self.flappy.rect.y = self.ground_y // 2
```

```
        self.score = 0
        self.observed = dict()
        pygame.mixer.music.play(-1)
```

6.3.5　玩家输入处理

除了控制小鸟飞行需要在 Bird 类中处理玩家输入，还有两个特殊场景需要处理玩家的输入。一个场景是之前提到过的当游戏刚启动时，需要玩家单击鼠标来让小鸟正式起飞。因为小鸟一旦起飞就会受到重力影响而下坠，如果玩家此时没准备好，可能就会直接失败。start_flying 函数就是用来判断是否满足这个场景的，它会判断玩家是否单击了鼠标。如果满足这个场景，就设置 flying 为逻辑真值，小鸟起飞，重力开始起作用。

另一个场景是游戏失败后，需要判断玩家要不要重启游戏，如果这里的判断结果包括游戏处于失败状态，而且重启按键被单击，那么就将 failed 设定为逻辑假值，再调用 reset_game 重置游戏信息。新一局游戏将会开始。

```
    def start_flying(self,event):
        if (event.type == pygame.MOUSEBUTTONDOWN
            and not self.flappy.flying
            and not self.flappy.failed):
            self.flappy.flying = True
    def game_restart(self,event):
        if (self.flappy.failed
            and self.button.pressed(event)):
                self.flappy.failed = False
                self.reset_game()
```

6.3.6　碰撞检测

handle_collision 是用于碰撞检测的函数，这里的小鸟和钢管都在各自的角色组中，我们直接使用 groupcollide 函数来判断这两个角色组中的角色有没有产生碰撞。只要这两个角色组中有任何角色产生碰撞，都会返回逻辑真值。另外两个条件就是判断小鸟有没有碰到上方边界或地面。如果任何一个碰撞检测判断为真，则将 failed 设置为逻辑真值，游戏失败，播放失败落地的音效，停止播放背景音乐。

```
    def handle_collision(self):
        if (pygame.sprite.groupcollide(self.bird_group, self.pipe_group, False,False)
            or self.flappy.rect.top < 0
            or self.flappy.rect.bottom >= Game.ground_y):
            self.flappy.failed = True
```

```
            self.sounds['hit'].play()
            pygame.mixer.music.stop()
```

6.3.7 游戏数据更新

ground_update 函数用于表现地面向左移动，让玩家感受到小鸟在向右飞行。移动地面通过更新地面的横坐标 ground_x 来实现，每一帧都会将地面的横坐标 ground_x 减少一定的值，减少的值等于 scroll_speed。因为地面的图片资源大小有限，所以每移动超过 35px 后，就重置横坐标 ground_x 使其等于 0。这样用一张图片就可以表现出无限的地面的效果。

```
def ground_update(self):
    self.ground_x -= Pipe.scroll_speed
    if abs(self.ground_x) > 35:
        self.ground_x = 0
```

new_pipes 函数用于生成新的钢管，pipe_counter 是一个计数器，当计数器的值超过 90 时，就生成一对新的钢管。也就是说在上一次生成钢管后，游戏要运行 90 帧才会有新钢管生成。计数器的值不能太小，否则钢管密度太大，会导致游戏难度过高。在游戏刚开始的时候，我们会将这里的 time 参数设置为 0，这是为了立即生成一对钢管。

在 Pipe 对象的构造参数中，第一个参数是横坐标位置，这里设置为 Win_width，也就是说钢管生成后会隐藏在窗口右侧等待入场；第二个参数是纵坐标位置，此处的 pipe_height 是一个在一定范围内的随机数，以让钢管生成更具随机性，让游戏更有可玩性。ground_y 是相对于地面的纵坐标位置，也就是上方边界到地面的高度，所以钢管的纵坐标位置是在上方边界到地面的中间位置增加随机值得到的。top_pipe 和 btm_pipe 分别表示位于上方和下方的钢管，将它们添加到 pipe_group 角色组里。

```
def new_pipes(self, time = 90):
    self.pipe_counter += 1
    if self.pipe_counter >= time:
        pipe_height = random.randint(-150, 150)
        top_pipe = Pipe(self.Win_width, self.ground_y // 2 + pipe_height, True)
        btm_pipe = Pipe(self.Win_width, self.ground_y // 2 + pipe_height, False)
        self.pipe_group.add(top_pipe)
        self.pipe_group.add(btm_pipe)
        self.pipe_counter = 0
```

我们需要判断小鸟什么时候穿越钢管，这样才能让分数增加。判断的难点在于场景中有很多根钢管，需要对钢管做标记，这里的标记变量就是 Pipe 中的属性 passed。一开始 passed 是逻辑假值，即钢管位于小鸟右侧，没有被穿越。get_pipe_dist 函数用于计算、保存 passed 的观测值。函数中先使用一个列表进行解析，选择右侧钢管中的前两根钢管进行遍历，如果是位于上方的钢管，就获取钢管边框的右侧坐标，同时获取其底部坐标；如果是位于下方的钢管，则获取顶部坐标，这些信息都保存在字典 observed 中。

check_pipe_pass 函数用来判断小鸟是否穿越了钢管，即小鸟边框左侧的横坐标是否大于或等于钢管边框右侧的横坐标。如果条件满足，增加分数，播放音效，并将钢管角色组中前两根钢管，也就是刚才穿越的两根钢管的属性 passed 设置为逻辑真值。这样在后续计算新的 observed 时，就不会再考虑它们了。

```
def get_pipe_dist(self):
    pipe_2 = [pipe for pipe in self.pipe_group.sprites() if pipe.passed==False][:2]
    for pipe in pipe_2:
        if pipe.is_top:
            self.observed['pipe_dist_right'] = pipe.rect.right
            self.observed['pipe_dist_top'] = pipe.rect.bottom
        else:
            self.observed['pipe_dist_bottom'] = pipe.rect.top

def check_pipe_pass(self):
    if self.flappy.rect.left >= self.observed['pipe_dist_right']:
        self.score += 1
        self.pipe_group.sprites()[0].passed = True
        self.pipe_group.sprites()[1].passed = True
        self.sounds['point'].play()
```

与钢管处理有关的函数比较多，所以用 pipe_update 函数将相关函数组合在一起，这样逻辑会更清晰、更有条理。这些相关函数包括生成新钢管的函数和更新角色组中所有角色的位置让其移动起来的函数。只要角色组中还有钢管，就会计算并获取观测信息，再检查并判断小鸟是否穿越钢管。

```
def pipe_update(self):
    self.new_pipes()
    self.pipe_group.update()
    if len(self.pipe_group)>0:
        self.get_pipe_dist()
        self.check_pipe_pass()
```

check_failed 函数用于处理游戏失败后的情况。判断 failed 是否为逻辑真值，如果是则停止播放背景音乐；再判断小鸟有没有碰到地面，在小鸟碰到地面前，保持飞行动画代码的运行，使小鸟呈现垂直下坠的效果，当小鸟碰到地面后，飞行中止，显示重启按键。

```
def check_failed(self):
    if self.flappy.failed:
        pygame.mixer.music.stop()
        if self.flappy.touch_ground():
            self.button.draw(self.surface)
```

```
                self.flappy.flying = False
```

6.3.8 绘图输出

draw_text 用于输出文字，这是为了在窗口中显示分数。draw 函数整合了所有与绘图有关的函数，先绘制背景，再绘制角色。这里可以注意到，虽然我们在 Pipe 类和 Bird 类中都没有定义 draw 函数，但角色组仍然可以实现绘图。这是因为我们使用了继承，只要类中有 image 属性，它就会带上 draw 函数。注意绘制顺序，背景在最前面，文字在最后面。不同的绘制顺序会产生不同的效果。

```
    def draw_text(self,text,color,x,y):
        img = self.font.render(text, True, color)
        self.surface.blit(img,(x,y))

    def draw(self):
        self.surface.blit(self.images['bg'],(0,0))
        self.pipe_group.draw(self.surface)
        self.bird_group.draw(self.surface)
        self.surface.blit(self.images['ground'],(self.ground_x,self.ground_y))
        self.draw_text(f'score: {self.score}', (255, 255, 255), 20, 20)
```

6.3.9 游戏主循环

使用 play_step 函数对游戏的一帧中所有必要的逻辑进行组装。首先判断玩家是否准备好，以确定是否启动小鸟开始飞行，如果小鸟飞行失败则重启游戏，然后更新小鸟的状态。如果小鸟处于正常飞行状态，则判断是否发生碰撞，更新钢管角色组和地面状态。最后绘制所有游戏场景，处理游戏失败情况。

```
    def play_step(self):
        game_over = False
        for event in pygame.event.get():
            if event.type == pygame.QUIT:
                game_over = True
            self.start_flying(event)
            self.game_restart(event)
        self.bird_group.update()
        if not self.flappy.failed and self.flappy.flying:
            self.handle_collision()
            self.pipe_update()
            self.ground_update()
```

```
        self.draw()
        self.check_failed()
        pygame.display.update()
        self.Clock.tick(self.fps)
        return game_over, self.score
```

文件最后写一个 main 入口，以实例化 Game 类，用 while 循环实现游戏主循环，循环内调用 play_step 函数。

```
if __name__ == '__main__':
    game = Game()
    while True:
        game_over, score = game.play_step()
        if game_over == True:
            break

    print('Final Score', score)
    pygame.quit()
```

6.4　本章小结

本章我们用面向对象编程的方法实现了笨鸟先飞游戏。这个游戏有许多复杂的显示效果、游戏机制以及判定方法，例如小鸟飞行时的重力效果和动画效果，钢管的随机生成和间隔出现机制，以及小鸟穿越钢管的判定方法。我们还在游戏中设置了一个重启按键来和用户进行交互。读者可以反复阅读代码，以理解这些有趣的显示效果、游戏机制以及判定方法是如何实现的。

在本章我们还介绍了面向对象编程的一个新概念，就是“继承”。子类从已有的父类中无法继承全部“家产”，但可以继承一些已有的属性和方法。例如，对于 pygame 模块中的 Sprite 类带有的一些函数，我们不必再定义。另外，我们还讲解了 pygame 模块中 group 的使用，当游戏场景中角色比较多时，使用 group 会较为方便。

读者理解本章代码后，可以尝试对代码做一些修改来改变游戏的难易程度。例如修改钢管间空隙的大小，或者修改钢管出现的时间间隔；也可以尝试修改游戏中的重力影响，或者修改小鸟向上飞行的能力。

在第 4、5、6 章，我们都是在讲解动作类小游戏的编写。这些游戏体现了操控给玩家带来的乐趣。在第 7 章，我们将介绍编写另一种游戏，这种游戏会体现玩家运用智力所能享受到的乐趣，其代表之一就是经典的五子棋游戏。

第 7 章　五子棋游戏编程

本章我们将讲解编写另一款经典游戏——五子棋。在第 2 章中，我们介绍了如何编写井字棋游戏。五子棋游戏可以看作井字棋游戏的升级版，只不过五子棋游戏会有漂亮的窗口来显示棋子的位置，而不再使用简单的终端。

7.1　五子棋游戏介绍

7.1.1　游戏规则

五子棋游戏是一种桌面游戏，两名玩家各自使用黑色或白色的棋子，轮流在一个棋盘上落子。只要一名玩家的 5 颗棋子连成一条直线，即获得游戏胜利。该游戏的精妙之处在于，玩家不仅要考虑让自己的棋子连成线，还要阻止对方的棋子连成线。本游戏和第 4、5、6 章介绍的游戏最大的区别在于，本游戏中玩家会有较长的思考时间，也就是说本游戏并非每帧都需要渲染画面。游戏画面显示如图 7-1 所示。

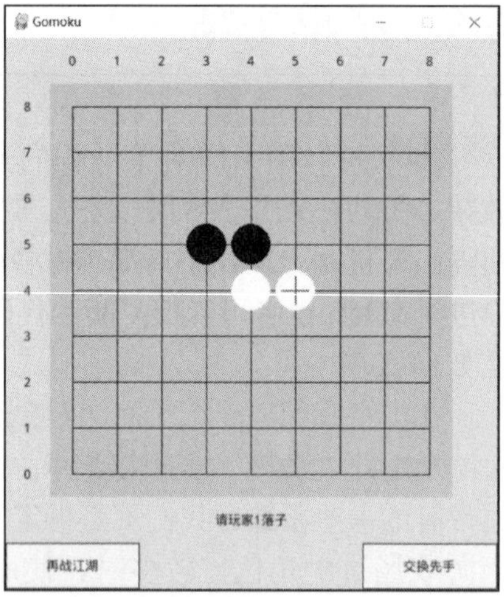

Gomoku
0 1 2 3 4 5 6 7 8
8 7 6 5 4 3 2 1 0
请玩家1落子
再战江湖
交换先手

图 7-1

7.1.2　游戏资源

本游戏只需要一种外部游戏资源，即字体文件。除此之外，所有的游戏元素都是使用 Pygame 绘制出来的。本游戏的游戏元素包括棋盘、经纬线、棋子等重要角色，还包括和玩家交互的按钮，以及显示的文字。

7.2　游戏功能和程序设计

7.2.1　游戏功能

本游戏要实现的主要功能如下。

- 棋盘显示功能：显示经纬线和玩家的棋子。
- 棋盘落子功能：当玩家单击棋盘某个位置时，需要在距离这个位置最近的交叉点上显示对应棋子。
- 按钮交互功能：设计两个功能按钮，分别用于重启游戏和交换玩家先手顺序。
- 显示信息功能：显示当前应该由哪名玩家落子，还需要显示胜负等信息。
- 判断胜负功能：在玩家落子后，需要判断是否出现五子连珠的情况。

7.2.2　程序设计

和井字棋游戏的思路类似，我们将整体游戏程序划分成两个大类，其中 Board 类用于保存内部数据，处理游戏逻辑，Game 类用于处理游戏界面的展示和交互。五子棋游戏的界面包含的元素比较多，可以将界面区域分为 3 个部分：第一个部分也是最大的部分即棋盘区域；第二个部分是按钮区域，用于实现和玩家交互；第三个部分是棋盘下方用于显示游戏信息的区域。简略的类图如图 7-2 所示。

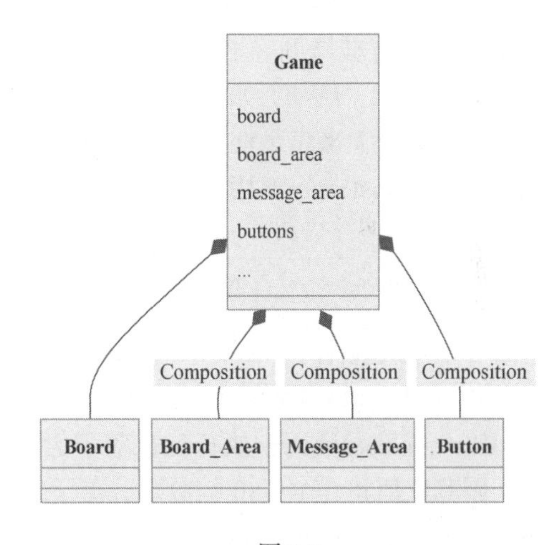

图 7-2

Game 类负责处理游戏核心逻辑。游戏进行时，程序需要接收玩家的输入信息，该输入信息就是玩家在不同区域的单击信息。如果在棋盘区域单击，则进行落子操作；如果在按钮区域单击，则进行游戏交互操作。当玩家落子时，要根据落子的坐标位置来判断具体的经纬坐标数据，将其保存至 Board 类，同时在棋盘区域显示落子。落子后判断是否有玩家胜出。

为了保持游戏的可扩展性，我们需要在棋局和棋盘两个方面保持灵活性。在棋局内部逻辑上，能够实现五子或其他数量的棋子的连珠游戏；棋盘的经纬线数量要能随棋子数量的变化而变化，棋盘区域的大小也要能随棋子数量的变化而变化。这对于程序实现有更高的要求。

7.3 代码实现

7.3.1 Board 类

本游戏较为复杂，所以分两个.py 文件来编写代码。首先编写负责处理游戏内部棋局状态的 Board 类，将其代码保存在 board.py 文件的 Board 类中。初始化函数很简单，根据参数确定棋盘的经纬线数量和连珠数量。

```
class Board:

    def __init__(self, width, height, n_in_row):
        self.width = int(width)
        self.height = int(height)
        self.n_in_row = int(n_in_row)
```

reset_board 函数用于在开始游戏或重启游戏时清空内部数据。current_player 用于保存当前玩家编号，玩家编号取值为 1 和 2，分别表示执黑子的玩家 1 和执白子的玩家 2。列表 availables 用来表示当前棋局可落子的位置。虽然棋盘坐标是二维的，但我们在 Board 类中用一个一维的列表来表示，例如，如果棋盘是 9 × 9 的（棋盘有 9 条经线和 9 条纬线），则内部数据以 0～80 这 81 个数字来表示交叉点。states 字典用于表示当前棋局状态，即哪些位置被哪名玩家的棋子占据。last_move 用于保存上一步的落子位置，棋局重启时将其设置为-1。

```
    def reset_board(self, start_player=1):
        self.current_player = start_player
        self.availables = list(range(self.width * self.height))
        self.states = {}
        self.last_move = -1
```

do_move 函数用于执行玩家落子的数据操作。move 参数表示落子位置，如果棋盘是 9×9 的，则其取值将是 0～80 的数字。落子时，以 move 为键，以玩家编号为值，来增加棋局状态 states 的信息。这样就可以通过 states 得知，哪名玩家的棋子占据了棋盘上哪个位置，同时删除列表 availables 中的一个可落子位置，因为这个位置已经被占据。最后转换玩家编号，并将 last_move 赋值为当前落子位置 move。

```
    def do_move(self, move):
        self.states[move] = self.current_player
        self.availables.remove(move)
        self.current_player = self.current_player % 2 + 1
        self.last_move = move
```

has_a_winner 函数用于判断胜负情况，即判断有没有出现五子连珠。moved 基于棋局状态 states 做处理，即取出已经被占据的坐标位置。在游戏初期落子个数还不多时，可以直接判断有没有出现胜负局面，然后对 moved 进行遍历，将一维坐标转换为二维坐标。这里有 4 个 if 条件判断，分别对应横向、纵向、两组对角 4 种连珠形态。以第一个条件判断为例，以当前落子位置为基础，从 states 中取出连续 n 个位置的棋子编号，将取出的数据转换成集合类型的数据，再计算集合中的元素个数。如果个数等于 1，意味着连续 n 个位置的棋子都是同一玩家的棋子，胜利条件达成。其他 3 个条件判断中的代码逻辑是类似的。

```
def has_a_winner(self):
    width = self.width
    height = self.height
    states = self.states
    n = self.n_in_row
    moved = list(states.keys())
    if len(moved) < self.n_in_row + 2:
        return False, -1

    for m in moved:
        h = m // width
        w = m % width
        player = states[m]

        if (w in range(width - n + 1) and
            len(set(states.get(i, -1) for i in range(m, m + n))) == 1):
            return True, player
        if (h in range(height - n + 1) and
            len(set(states.get(i, -1) for i in range(m, m + n * width, width)))== 1):
            return True, player
        if (w in range(width - n + 1) and h in range(height - n + 1) and
            len(set(states.get(i, -1) for i in range(m, m + n * (width + 1),width + 1))) == 1):
            return True, player
        if (w in range(n - 1, width) and h in range(height - n + 1) and
            len(set(states.get(i, -1) for i in range(m, m + n * (width - 1),width - 1))) == 1):
            return True, player
    return False, -1
```

game_end 函数用来判断游戏是否结束，游戏结束有两种情况，一种是出现胜利者，另一种是双方已经将棋盘上可以落子的地方全部占据。

```
def game_end(self):
    end, winner = self.has_a_winner()
    if end:
        return True, winner
    elif not len(self.availables):
        return True, -1
```

```
        return False, -1
```

7.3.2 Button 类

Button 类主要用于实现两个功能，一个是和玩家交互，另一个是绘图，实现在窗口中显示按钮。初始化函数定义了按钮的颜色、边框的位置和大小，以及按钮上显示的文字。

```
class Button:
    def __init__(self,x,y,width,height,text=''):
        self.color = (245, 245, 245)
        self.rect = Rect(x,y,width,height)
        self.text = text
```

pressed 函数负责判断按钮有没有被单击，和第 6 章一样，此处调用了 collidepoint 函数，它负责将边框和单击的坐标 pos 一起输入，并判断二者有没有发生重叠。draw 函数则用于绘制按钮的矩形主体和边框部分，用 draw_text 函数来显示文本。draw_text 函数是 Game 类的类函数，我们会在后文中介绍如何编写该函数。

```
    def pressed(self, pos):
        return self.rect.collidepoint(pos)

    def draw(self,surface,textsize):
        pygame.draw.rect(surface, self.color, self.rect)
        pygame.draw.rect(surface, Game.BLACK, self.rect, width=1)
        Game.draw_text(surface,self.text, self.rect.center, textsize)
```

7.3.3 Board_Area 类

Board_Area 类负责棋盘区域的显示。初始化函数定义了颜色 color 和基本单位尺寸 UnitSize，基本单位尺寸用于设置棋盘中一个格子需要占据多大的像素空间，可以人为定义不同的基本单位尺寸，以缩放棋盘显示大小。BoardSize 表示棋盘的经纬线数量。board_lenth 用于计算以像素为单位的棋盘大小，它是 UnitSize 和 BoardSize 的乘积。最后使用 Rect 类定义棋盘区域的边框大小。

```
class Board_Area:

    def __init__(self, unitsize, boardsize):
        self.color = (254, 185, 120)
        self.UnitSize = unitsize
        self.BoardSize = boardsize
        self.board_lenth = self.UnitSize * self.BoardSize
        self.rect = Rect(self.UnitSize, self.UnitSize, self.board_lenth,self.board_lenth)
```

draw 函数用于在窗口中显示棋盘区域，首先绘制棋盘区域的底色，再使用 draw.line 函数绘制棋盘上的经纬线，最后还需要在棋盘边缘部分显示经纬线的坐标数字，仍然使用 draw_text 完成这个任务。

```
def draw(self, surface,textsize):
    pygame.draw.rect(surface, self.color, self.rect)
    for i in range(self.BoardSize):
        start = self.UnitSize * (i + 0.5)
        pygame.draw.line(surface, Game.BLACK, (start + self.UnitSize,self.UnitSize*1.5),
                        (start + self.UnitSize, self.board_lenth + self.UnitSize*0.5))
        pygame.draw.line(surface, Game.BLACK, (self.UnitSize*1.5, start + self.UnitSize),
                        (self.board_lenth + self.UnitSize*0.5, start + self.UnitSize))
        Game.draw_text(surface, text = self.BoardSize - i - 1,
                      position=(self.UnitSize / 2, start + self.UnitSize),
                      text_height=textsize)
        Game.draw_text(surface,text =i,
                      position=(start + self.UnitSize,self.UnitSize / 2),
                      text_height=textsize)
```

7.3.4　Message_Area 类

Message_Area 类用于实现在棋盘区域下方显示游戏信息。初始化函数定义了一个矩形，draw 函数用于绘制这个矩形，同时显示文字。

```
def __init__(self, x, y, width, height):
    self.rect = Rect(x,y,width,height)

def draw(self, surface, text, textsize):
    pygame.draw.rect(surface, Game.BackGround, self.rect)
    Game.draw_text(surface,text, self.rect.center, textsize)
    pygame.display.update()
```

7.3.5　Game 类

我们使用 Game 类来编写游戏核心逻辑，在类属性中保存颜色信息。在初始化函数中，将 7.3.1 小节中定义的 Board 类进行初始化，定义基本单位尺寸 UnitSize 和对应的文字尺寸 TextSize，然后用字典 buttons 存放多个交互按键。init_screen 函数用于绘制窗口，restart_game 函数用于绘制棋盘并启动游戏。

```
class Game:

    WHITE = (255, 255, 255)
```

```
    BLACK = (0,0,0)
    BackGround = (197, 227, 205)

    def __init__(self, width=9, height=9, n_in_row=5):
        pygame.init()
        self.board = Board(width, height, n_in_row)
        self.BoardSize = width
        self.UnitSize = 45
        self.TextSize = int(self.UnitSize * 0.3)
        self.buttons = dict()
        self.last_move_player = None
        self.game_end = False
        self.init_screen()
        self.restart_game()
```

init_screen 函数主要负责窗口的定义，并将 7.2.2 小节中介绍的界面区域的 3 部分进行初始化。按钮区域包括两个按钮，其中一个负责重启游戏，另一个负责交换玩家先手顺序。随后实例化 Board_Area 类和 Message_Area 类。

```
    def init_screen(self):
        self.ScreenSize = (self.BoardSize * self.UnitSize + 2 * self.UnitSize,
                           self.BoardSize * self.UnitSize + 3 * self.UnitSize)
        self.surface = pygame.display.set_mode(self.ScreenSize)
        pygame.display.set_caption('Gomoku')
        self.buttons['RestartGame'] = Button(0, self.ScreenSize[1] - self.UnitSize,
                                             self.UnitSize*3,
                                             self.UnitSize,
                                             text = "再战江湖")
        self.buttons['SwitchPlayer'] = Button(self.ScreenSize[0] - self.UnitSize*3,
                                              self.ScreenSize[1] - self.UnitSize,
                                              self.UnitSize*3,
                                              self.UnitSize,
                                              text = "交换先手")
        self.board_area = Board_Area(self.UnitSize, self.BoardSize)
        self.message_area = Message_Area(0, self.ScreenSize[1]-self.UnitSize*2,
                                         self.ScreenSize[0], self.UnitSize)
```

restart_game 函数是当游戏启动时调用的函数，其主要任务是绘制游戏开局时的静态信息，last_move_player 变量用于保存当前的一手落子信息。

```
    def restart_game(self):
        self.draw_static()
        self.last_move_player = None
```

draw_static 函数负责绘制两部分偏静态的区域的内容，即棋盘区域和按钮区域的内容。该函数中先定义游戏窗口的底色，再分别调用 board_area 的 draw 函数和 button 的 draw 方法。

最后进行窗口刷新，这样就完成了开局后的偏静态的区域的内容绘制。

```
def draw_static(self):
    self.surface.fill(self.BackGround)
    self.board_area.draw(self.surface, self.TextSize)
    for _ , button in self.buttons.items():
        button.draw(self.surface,self.TextSize)
    pygame.display. update()
```

在每一次落子时，都需要在窗口绘制最新落子。render_step 函数负责完成这个任务。为了和棋盘上其他落子进行区别，对于最新落子会绘制一个十字线（即两条直线），让玩家知道最新落子的位置。所以会基于 last_move_player 来判断。将之前的落子显示成普通落子，而在最新落子上增加十字线。这里调用的绘图函数是 draw_pieces。

```
def render_step(self, move):
    for event in pygame.event.get():
        if event.type == QUIT:
            exit()
    if self.last_move_player:
        self.draw_pieces(self.last_move_player[0], self.last_move_player[1],False)
    self.draw_pieces(move, self.board.current_player, True)
    self.last_move_player = move, self.board.current_player
    pygame.display.update()
```

上面代码的核心函数 draw_pieces 是这样实现的，先将落子位置 move 转换为二维坐标，将坐标信息转换为窗口上以像素为单位的坐标 pos。然后用 draw.circle 函数绘制一个圆形，用于表示落子。如果需要显示最新落子，还需要绘制一个十字线。

```
def draw_pieces(self, move, player, last_step=False):
    x, y = self.move_2_loc(move)
    pos = [int(self.UnitSize * 1.5 + x * self.UnitSize),
           int(self.UnitSize * 1.5 + (self.BoardSize - y - 1) * self.UnitSize)]
    color = [self.BLACK, self.WHITE][player-1]
    pygame.draw.circle(self.surface, color, pos, int(self.UnitSize * 0.45))
    if last_step:
        color = [self.WHITE, self.BLACK][player-1]
        start_p1 = pos[0] - self.UnitSize * 0.3, pos[1]
        end_p1 = pos[0] + self.UnitSize * 0.3, pos[1]
        pygame.draw.line(self.surface, color, start_p1, end_p1)
        start_p2 = pos[0], pos[1] - self.UnitSize * 0.3
        end_p2 = pos[0], pos[1] + self.UnitSize * 0.3
        pygame.draw.line(self.surface, color, start_p2, end_p2)
```

此时还需要函数对落子位置进行转换，分别是将落子位置从一维坐标转换为二维坐标的 move_2_loc 函数和将落子位置从二维坐标转换为一维坐标的 loc_2_move 函数。

```
    def move_2_loc(self, move):
        return move % self.BoardSize, move // self.BoardSize

    def loc_2_move(self, loc):
        return int(loc[0] + loc[1] * self.BoardSize)
```

get_input 函数用于获取玩家的输入。Output 是带名称的元组，用于保存在不同输入下的信息。如果玩家单击了窗口右上角，则返回 quit 字符串；如果有鼠标单击事件，则获取鼠标单击的坐标 mouse_pos，将这个坐标放入各个按键进行遍历，判断哪一个按键被单击，并返回被单击按键的名称；如果鼠标单击了棋盘区域，则将坐标转换为经纬线坐标，再转换为一维坐标，返回落子信息。所有返回结果都包括在 Output 元组中。

```
    def get_input(self):
        while True:
            for event in pygame.event.get():
                if event.type == QUIT:
                    return Output('quit',None)

                if event.type == MOUSEBUTTONDOWN:
                    if event.button == 1:
                        mouse_pos = event.pos

                        for name, button in self.buttons.items():
                            if button.pressed(mouse_pos):
                                return Output(name, None)

                        if self.board_area.rect.collidepoint(mouse_pos):
                            x = (mouse_pos[0] - self.UnitSize)//self.UnitSize
                            y = self.BoardSize - (mouse_pos[1] -self.UnitSize)//self.UnitSize - 1
                            move = self.loc_2_move((x, y))
                            if move in self.board.availables:
                                return Output('move',move)
```

draw_text 函数用于文字的绘制。它是静态的，因为其输入参数不依赖于类中的属性。该函数先加载字体资源，再根据位置参数绘制对应的文本内容。

```
    @staticmethod
    def draw_text(surface, text, position, text_height=25,
                  font_color=(0, 0, 0), backgroud_color=None, angle=0):
        font = pygame.font.Font('WenQuan.ttf',int(text_height))
        text = font.render(str(text), True, font_color, backgroud_color)
        text = pygame.transform.rotate(text, angle)
        text_rect = text.get_rect()
        text_rect.center = position
        surface.blit(text, text_rect)
```

通过编写 play_human 函数组装游戏主循环。如果游戏还在进行，则在用于显示游戏信息的区域显示请某位玩家落子。接着获取玩家输入，如果根据输入信息返回 quit，则退出循环；如果重启游戏按键被单击，则重置棋局，重新开始一局游戏；如果交换玩家先手顺序按键被单击，则调整玩家先手顺序，重新开始游戏；如果玩家输入的是落子信息，则根据落子坐标将落子显示在窗口中，并在 board 对象中调用 do_move 函数处理落子操作，再根据当前状态，判断游戏是否结束。

```
def play_human(self, start_player=1):
    self.board.reset_board(start_player)

    while True:
        if not self.game_end:
            print('current_player', self.board.current_player)
            text = "请玩家{x}落子".format(x=self.board.current_player)
            self.message_area.draw(self.surface,text,self.TextSize)

        user_input = self.get_input()

        if user_input.action == 'quit':
            break

        if user_input.action == 'RestartGame':
            self.game_end = False
            self.board.reset_board(start_player)
            self.restart_game()
            continue

        if user_input.action == 'SwitchPlayer':
            self.game_end = False
            start_player = start_player % 2 + 1
            self.board.reset_board(start_player)
            self.restart_game()
            continue

        if user_input.action == 'move' and not self.game_end:
            move = user_input.value
            self.render_step(move)
            self.board.do_move(move)
            self.game_end, winner = self.board.game_end()
            if self.game_end:
                if winner != -1:
                    print("Game end. Winner is player", winner)
                    text = "玩家{x}胜利".format(x=winner)
                    self.message_area.draw(self.surface,text,self.TextSize)
```

```
                else:
                    text = "二位旗鼓相当！"
                    self.message_area.draw(self.surface,text,self.TextSize)

        pygame.quit()
```

在文件最后的 main 入口编写运行代码。此时将棋盘大小设置为 9，即设置 9 横 9 纵的经纬线，5 表示设置为五子连珠，并设置黑子先行。然后初始化游戏，开始游戏。

```
if __name__ == '__main__':
    board_size = 9
    n = 5
    start_player = 1
    game = Game(width=board_size, height=board_size, n_in_row=n)
    game.play_human(start_player)
```

7.4 本章小结

相对于之前的井字棋游戏，本章介绍的五子棋游戏更为复杂。复杂的部分主要在于外部界面显示，其内部处理逻辑相对容易。我们将外部界面显示和内部处理逻辑两大模块分开，由 Game 类主要处理外部界面显示，而 Board 类处理内部处理逻辑。

本游戏编写的难点在于游戏界面中要显示和交互的元素较多，因此需要将不同的元素进行归类处理。代码中我们将这些元素分为 3 个部分，分别是主体的棋盘区域、按钮区域、用于显示游戏信息的区域。不同区域用不同的类来封装，让整体代码更容易理解和调试。

游戏中部分参数是可以修改的，可以在 main 入口中尝试修改 board_size 的大小，此时棋盘大小会随之修改。读者也可以尝试修改 n 的大小，如果修改成 6，则意味着需要实现六子连珠才能取胜。读者甚至可以尝试修改 UnitSize，观察游戏界面会有怎样的变化。

到目前为止，我们已经介绍了 4 款经典游戏的编写，相信读者对于游戏编程设计有了更深的理解。从第 8 章开始，我们将讲解 AI 的基础知识。在第 16 章，我们会把 AI 作为五子棋游戏的一个玩家，在游戏中读者能否击败 AI 呢？

第 8 章　神经网络和 PyTorch 基础

从本章开始，我们将讲解 AI 的基础知识。AI 领域体系庞杂，我们选择几个核心内容进行讲解，主要是神经网络、蒙特卡罗算法、强化学习、深度学习和遗传算法。深度强化学习是深度学习和强化学习的结合。深度学习是一个以结构复杂、层级很深的神经网络为核心主体，并使用相关训练技术的算法领域。需要说明的是，本书并不严格区分深度学习和神经网络。本章将介绍神经网络和 PyTorch 基础，主要包括神经网络的基本原理与应用场景、PyTorch 模块及其神经网络的搭建。不过在此之前，我们会从最优化方法切入。

8.1　最优化方法

8.1.1　什么是最优化

通俗来讲，最优化就是把某件事情做到极致、做到最好。具体而言，做任何事情都应该有一个目标，会有很多因素来影响这个目标的达成。例如办公楼的物业管理人员工作的目标之一是让人的体感舒适度最佳，影响这个目标的因素就包括室内的温度和湿度等。需要找到最合适的温度和湿度，使人的体感舒适度最佳。这时，可以将体感舒适度看作关于温度和湿度的函数。从数学角度来讲，最优化就是控制函数的变量，以找出函数值的极值。

我们先来看一个普通的二次函数，例如 $y = x^2$，我们想知道什么时候它的取值最小。显然，当 x 取 0 的时候，y 的取值最小。我们可以用 matplotlib 模块把这个函数画出来，如图 8-1 所示。

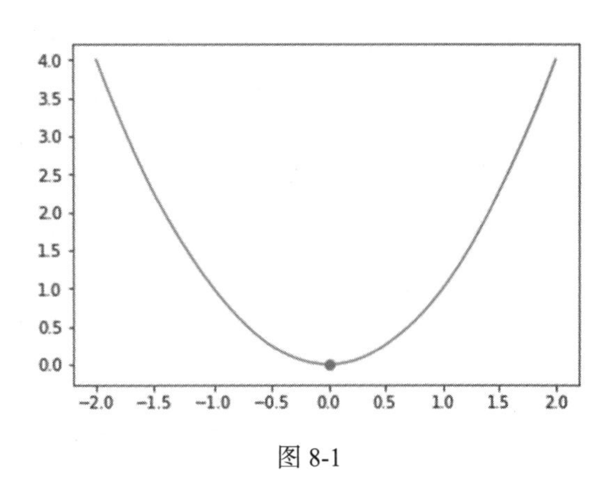

图 8-1

```
import numpy as np
import matplotlib.pyplot as plt
%matplotlib inline
```

```
x = np.linspace(-2,2,100)
y = x**2
plt.plot(x,y);
plt.scatter(0,0,color='red');
```

对于最优化更形象的解释：把 $y = x^2$ 的函数图像看作一个山谷，有一只生活在这里的山羊希望能走到山谷的最低处。如果它的视力非常好或没有山体遮挡，可以一眼看到山谷的最低处，就可以直接去那里。但是如果它一眼看不到最低处，只能看到眼前的地方，那么有什么办法可以到达最低处呢？这个问题中，可以控制的因素是行走的方向和步长，目标是要走到最低处。

8.1.2 梯度下降算法

在上一小节关于山羊的例子中，如果山羊只能看到近处，那么它会知道它现在所处的位置的地势高低走向。假设它只有两个方向可以选择，向左或者向右，如图 8-2 所示。它可以观察到近处左侧的地势和右侧的地势。可以这样来思考，如果左侧的地势比右侧的地势低，那么有可能最低处就在左侧某个地方，所以从贪心算法的思想来看，山羊就以当前位置的局部地势来判断，往左侧较低处的方向走。往左走一步之后，从当前位置观察局部地势，再进行判断和决策。就这样循环往复，最终可能会到达山谷的最低处。

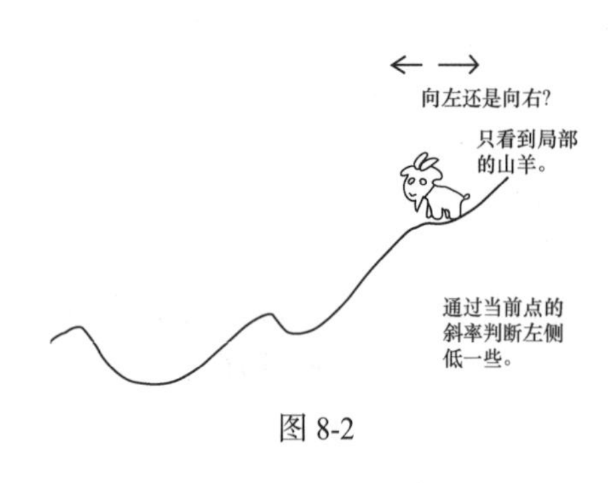

图 8-2

如果要编程来模仿山羊的行动决策，我们需要明确两个具体的问题，一个是如何判断局部地势以决定行走的方向，另一个是如何决定行走的步长。

第一个问题让人联想到斜率这个概念。山谷的某个位置，或者函数图像的某个点，其对应的斜率是可以算出来的。如果斜率是正数，说明左侧比右侧低，在方向选择上就应该选左，否则说明左侧比右侧高，在方向选择上应该选右。斜率在数学上也称为导数或者梯度。因此总结起来，梯度下降算法的核心思想就是根据当前位置的梯度朝高度较低的方向走。

对于第二个问题，可以想象，如果步长小，山羊需要更多的步数才能走到最低处；如果步长长，可能需要较少的步数。但是，步长过大，可能会越过最低处，也就是走过头。所以通常我们会设置较短的步长。步长决定了山羊从当前位置到新位置的速率，也称为学习率。

如果用一个公式来描述上述的算法，则公式如下：

新的位置 = 当前位置 - 步长 × 斜率

用代码来表示位置的更新的方式如下：

```
x = x - rate * gx
```

等号右侧的 x 表示当前位置，rate 表示步长，gx 表示当前位置的斜率。在每走一步后，都需要计算当前位置的斜率 gx。当 gx 为正也就是斜率为正时，山羊应该往左走，也就是做减法，x 会变小；当 gx 为负也就是斜率为负时，和其前面的减号抵消后等号右侧的算式成为加法算式，x 会变大，也就是往右走。从这个公式出发，图 8-2 中的山羊就应该往左走一小步。

下面我们用代码来实现这个过程，这段代码根据上述梯度下降算法来求某个函数的最小值。输入参数有 4 个，x_start 表示初始点的位置，也就是山羊一开始的位置；rate 表示步长；n_iter 表示走的步数或迭代次数；f 表示需要求最小值的函数，这里就代表山谷；g 表示 f 的梯度函数，也就是对应山谷的每个位置的斜率都可以通过 g 算出来。

```
def min_gradient(x_start, rate, n_iter, f,g):
    x = x_start
    for n in range(n_iter):
        gx = g(x)
        y = f(x)
        x = x - rate*gx # 梯度下降
        print("X: {x:.2f}, Y: {y:.2f}, gx: {gx:.2f}".format(x=x, y=y,gx=gx))
        if abs(gx)<0.0001:
            break
    return x
```

同时，为了显示每一步的信息，我们输出这几个变量的值，以方便调试和理解。最后有一个条件判断，当斜率非常小的时候，说明地势已经很平了，可能已经到最低处了，for 循环可以终止。

为了计算二次函数的最小值，我们需要定义这个二次函数，将其存放在 f 中，同时定义好二次函数对应的梯度函数。梯度函数 g 就是对 f 求导的结果。我们假设山羊在二次函数对应的山谷中，它的起始点 x 等于 2，学习率设置为 0.1，让它走 10 步，查看函数计算的中间过程和最终结果。

```
f = lambda x:x**2
g = lambda x: 2*x

min_gradient(x_start=2,rate=0.1, n_iter=10,f=f,g=g)
```

```
X: 1.60, Y: 4.00, gx: 4.00
X: 1.28, Y: 2.56, gx: 3.20
X: 1.02, Y: 1.64, gx: 2.56
X: 0.82, Y: 1.05, gx: 2.05
X: 0.66, Y: 0.67, gx: 1.64
X: 0.52, Y: 0.43, gx: 1.31
X: 0.42, Y: 0.27, gx: 1.05
X: 0.34, Y: 0.18, gx: 0.84
X: 0.27, Y: 0.11, gx: 0.67
X: 0.21, Y: 0.07, gx: 0.54

0.21474836480000006
```

如果初始点 x 等于 2，学习率为 0.1，走 10 步后，我们会发现由于每一步走得比较短，最后山羊走到了 x 大约等于 0.21 的位置，虽然比较靠近 0，但是并未达到最小值 0。不过从输出的信息中可以看到，x 是慢慢靠近 0 的，而且 y 也是在减小的，这说明走的方向是对的，只不过还未走到最低处。这时我们可以调大迭代次数，或者调大学习率。

```
min_gradient(x_start=2,rate=0.3, n_iter=10,f=f,g=g)
```

```
X: 0.80, Y: 4.00, gx: 4.00
X: 0.32, Y: 0.64, gx: 1.60
X: 0.13, Y: 0.10, gx: 0.64
X: 0.05, Y: 0.02, gx: 0.26
X: 0.02, Y: 0.00, gx: 0.10
X: 0.01, Y: 0.00, gx: 0.04
X: 0.00, Y: 0.00, gx: 0.02
X: 0.00, Y: 0.00, gx: 0.01
X: 0.00, Y: 0.00, gx: 0.00
X: 0.00, Y: 0.00, gx: 0.00

0.00020971520000000014
```

将学习率调整到 0.3 之后，可以发现 x 已经非常接近 0 了，目标几乎已经达到了。如果学习率设置得再大一些，会不会更快一些达到目标呢？当我们将学习率调整到 1.1 之后，发现不仅没有接近 0，反而越走越远。这是因为学习率设置得过大，导致出现振荡现象。

```
min_gradient(x_start=2,rate=1.1, n_iter=10,f=f,g=g)
```

```
X: -2.40, Y: 4.00, gx: 4.00
X: 2.88, Y: 5.76, gx: -4.80
X: -3.46, Y: 8.29, gx: 5.76
X: 4.15, Y: 11.94, gx: -6.91
X: -4.98, Y: 17.20, gx: 8.29
X: 5.97, Y: 24.77, gx: -9.95
```

```
X: -7.17, Y: 35.66, gx: 11.94
X: 8.60, Y: 51.36, gx: -14.33
X: -10.32, Y: 73.95, gx: 17.20
X: 12.38, Y: 106.49, gx: -20.64

12.383472844800014
```

总而言之，梯度下降算法是一种寻找函数极值的算法，它通过沿着负梯度方向移动来寻找最低点。梯度下降算法需要在知道 3 个因素后进行循环计算，以找到极值。这 3 个因素分别是初始点、函数的导数、学习率。如果学习率设置得过小，会需要很多次才能到达极值；如果学习率设置得过大，会导致无法到达极值。我们一般会设置一个较小的学习率，用较大的迭代次数来计算。

8.2　PyTorch 基础知识

8.2.1　什么是 PyTorch

PyTorch 是 AI 领域最常用的算法框架之一，它类似于用于科学计算的模块 NumPy，这类模块中包括各种使用方便的函数，以便让我们像搭积木一样很快地搭建所需要的 AI 算法模型。PyTorch 的出现降低了 AI 入门的难度，用户不需要从基础的底层神经网络开始编写代码，可以依据需要使用已有的函数或模型。

PyTorch 的优点主要有如下两个。

- 简洁优雅：PyTorch 的设计追求最少的封装，尽量避免重复造轮子。使用 PyTorch 编写的代码更短，更易于编写和理解。
- 社区活跃：PyTorch 提供了完整的文档、循序渐进的指南，互联网上有大量资料供用户交流和讨论。

对于 PyTorch 模块，可以直接通过官网下载和安装。

进入网站后，在图 8-3 所示的位置选择对应的 PyTorch 版本和操作系统。

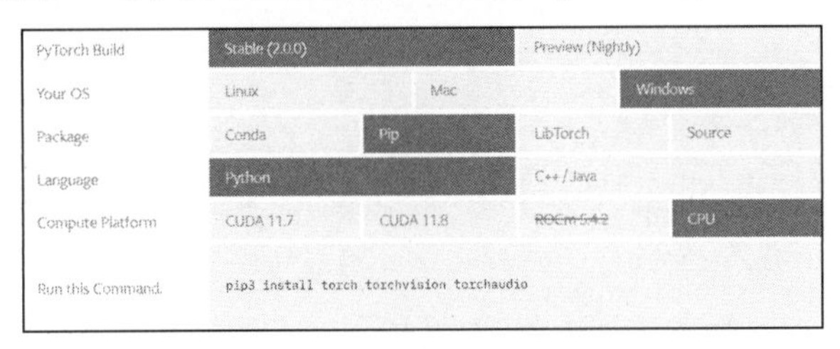

图 8-3

以图 8-3 为例，如果我们选择 Windows 作为操作系统、CPU 作为计算平台，网站会提示你运行这样的命令行代码：“pip3 install torch torchvision torchaudio”。在命令行窗口下，输入这句代码后即可进行联网安装。完成后进入 Python 开发环境，输入加载 PyTorch 的命令，没有报错即说明安装成功。

```
import torch
torch.__version__
```

8.2.2 PyTorch 的张量操作

PyTorch 的基本操作对象是张量，也称为 tensor。tensor 类似于 NumPy 模块中的 Array，不过 torch 模块中的 tensor 还可以利用 GPU 的计算能力。我们来看一些操作 tensor 的例子。

以下代码生成了一个 5 行 3 列的元素全为 1 的矩阵，这种生成语法非常像 NumPy 的。

```
import torch
```

```
x_tensor = torch.ones(5, 3,dtype=torch.float64)
print(x_tensor)
```

```
tensor([[1., 1., 1.],
        [1., 1., 1.],
        [1., 1., 1.],
        [1., 1., 1.],
        [1., 1., 1.]], dtype=torch.float64)
```

也可以将 NumPy 生成的数据转换成 tensor，下面的代码用 NumPy 生成一个随机矩阵，再将其转换成 tensor。转换的时候可以使用 torch.from_numpy，这样更加节省内存。也可以使用 torch.tensor 进行转换，不过这样做 torch.tensor 会复制一份数据。

```
import numpy as np
np.random.seed(1)
y_array= np.random.randn(5,3)
y_tensor = torch.from_numpy(y_array)
print(y_tensor)
```

```
tensor([[ 1.6243, -0.6118, -0.5282],
        [-1.0730, 0.8654, -2.3015],
        [ 1.7448, -0.7612, 0.3190],
        [-0.2494, 1.4621, -2.0601],
        [-0.3224, -0.3841, 1.1338]], dtype=torch.float64)
```

torch 包含常用的运算函数，例如加法函数 add，我们可以直接通过 torch 下的 add 函数进行操作，也可以使用 add_方法进行操作，add_方法会将进行加法操作后的结果保存到 x_tensor 对象中。

```
result = torch.add(x_tensor,y_tensor)
print(result)
```

```
tensor([[ 2.6243, 0.3882, 0.4718],
        [-0.0730, 1.8654, -1.3015],
        [ 2.7448, 0.2388, 1.3190],
        [ 0.7506, 2.4621, -1.0601],
        [ 0.6776, 0.6159, 2.1338]], dtype=torch.float64)
```

```
x_tensor.add_(y_tensor)
print(x_tensor)
```

```
tensor([[ 2.6243, 0.3882, 0.4718],
        [-0.0730, 1.8654, -1.3015],
        [ 2.7448, 0.2388, 1.3190],
        [ 0.7506, 2.4621, -1.0601],
        [ 0.6776, 0.6159, 2.1338]], dtype=torch.float64)
```

和 NumPy 类似，torch 本身也可以生成随机数。torch 中也有和 NumPy 中类似的矩阵计算函数，比如 matmul，它可以将两个矩阵进行乘法操作。

```
torch.manual_seed(1)
x_tensor = torch.randn(1, 4)
print(x_tensor)
y_tensor = torch.randn(4, 1)
print(y_tensor)
```

```
tensor([[ 0.2857, 0.6898, -0.6331, 0.8795]])
tensor([[-0.6842],
        [ 0.4533],
        [ 0.2912],
        [-0.8317]])
```

```
torch.matmul(x_tensor,y_tensor)
```

```
tensor([[-0.7986]])
```

tensor 也可以像 Array 一样进行选择切片操作。

```
x_tensor[:,1]
```

tensor 也可以自由地转换行列数。

```
z_tensor = x_tensor.view(-1, 8)
z_tensor.shape
```

torch 的 tensor 格式数据可以通过 tolist 转换为普通的 Python 列表格式数据，也可以通过 numpy 方法转换为 Array 格式数据。

```
z_tensor.tolist()
z_tensor.numpy()
```

PyTorch 提供的函数极为丰富，有兴趣的读者可以通过官网查看文档进行学习。

8.2.3 自动计算梯度

PyTorch 的一个重要特点是可以自动计算梯度。我们在 8.1 节中介绍过梯度，梯度可以理解为一个值相对于另一个值的斜率或者变化率，比如一辆车在一段时间 T 内，以速度 V 进行移动，移动距离为 L，那么 L 相对于 T 的梯度就是 V，这种意义上的量在数学上叫作梯度或者导数。在 8.1 节中我们是自己定义梯度的，但 PyTorch 可以帮助我们自动计算梯度，这在解决最优化类问题时十分方便、好用。

下面我们来看一个简单示例，假设 x 等于 3.0，y 是 x 的平方，即 y 是 x 的函数。定义好二者关系后，我们用 backward 来自动计算梯度。如果读者熟悉微积分，应该知道这里的梯度等于 2x，也就是等于 2×3.0，即等于 6.0。

```
x = torch.tensor(3.0, requires_grad=True) # 定义一个值为 3.0 的 tensor，其名为 x
y = x*x # 定义 y 和 x 的关系
y.backward() # 自动计算梯度
print(x.grad) #输出 y 相对于 x 的梯度
```

```
tensor(6.)
```

要注意的一点是，保存在 tensor 中的梯度会累积，例如下面的例子中，我们有另一个函数 z，在执行一次 backward 后，x 的梯度累积了两个梯度的计算。

```
z = x*x
z.backward()
print(x.grad)
```

```
tensor(12.)
```

所以正确的做法是添加一个梯度信息清零操作。

```
x.grad.zero_()
z = x*x
z.backward()
print(x.grad)
```

```
tensor(6.)
```

8.2.4　用 PyTorch 进行最优化

在 8.1 节中，我们编写了一个最优化函数来计算最小值，这个最优化函数使用了梯度下降算法，既然 PyTorch 可以自动计算梯度，最好用它来完成最优化。现在我们利用 PyTorch 来计算二次函数 $y=x^2$ 的最小值。

这里的函数定义和8.1节中的函数定义类似，不过PyTorch要求计算的所有数据都是tensor格式的数据，所以在一开始要将初始值 x_start 转换成 tensor 格式。进入迭代循环后，计算最优化的目标值 y，然后计算梯度值 gx，再根据梯度值修正得到新的 x。

```
def min_gred(x_start, rate, num, f):
    x = torch.tensor(x_start, requires_grad=True)
    for n in range(num):
        y = f(x)
        y.backward() # 计算梯度值
        gx = x.grad.tolist() # 取出梯度值
        newx = x.tolist() - rate*gx # 修正
        x = torch.tensor(newx, requires_grad=True) #重新定义 x, 所以不需要梯度信息清零操作
        print("X: {x:.2f}, Y: {y:.2f}, gx: {gx:.2f}".format(x=x, y=y,gx=gx))
        if abs(gx)<0.0001:
            break
    return x
f = lambda x:x**2
min_gred(2.0, 0.1, 10,f)
```

```
X: 1.60, Y: 4.00, gx: 4.00
X: 1.28, Y: 2.56, gx: 3.20
X: 1.02, Y: 1.64, gx: 2.56
X: 0.82, Y: 1.05, gx: 2.05
X: 0.66, Y: 0.67, gx: 1.64
X: 0.52, Y: 0.43, gx: 1.31
X: 0.42, Y: 0.27, gx: 1.05
X: 0.34, Y: 0.18, gx: 0.84
X: 0.27, Y: 0.11, gx: 0.67
X: 0.21, Y: 0.07, gx: 0.54

tensor(0.2147, requires_grad=True)
```

可以看到，我们用 PyTorch 成功地逼近了函数的最小值。本例主要出于学习的目的要手动获取梯度值，再对其进行更新、修正，在一般情况下，并不需要这样做。在后续的例子中我们会介绍正常的代码写法。

8.3 神经网络

8.3.1 神经网络是什么

神经网络的概念来源于人类自身的神经系统。人体有各种感知器官，它们可以收集外界的信息，这些信息通过神经系统传送、汇总到大脑进行计算，大脑综合考虑各类信息后进行决策。这种收集、汇总信息进行计算和决策的方法，用计算机来模拟，就称为人工神经网络。

想象我们是如何学习把球投入篮筐的，我们会利用各种感知器官来收集关于投篮的信息，比如球的重量、篮筐与我们的距离等，我们根据这些外界信息来决定投篮的方向和力量等。我们第一次投篮不一定会成功，但我们会查看实际命中的地方和篮筐的距离有多远，我们会根据这个距离来修正下一次投篮的方向和力量。这就是利用试错和修正来学习并完成任务，人工神经网络的思想与此相似。

人工神经网络也需要一些外界信息来进行计算和决策，其核心步骤有两个。一个是从输入到输出的计算过程，这个过程称为前向计算。这个计算过程可能很简单也可能很复杂。最简单的计算过程之一可能就是对输入数据进行加权求和。另一个是根据输出结果和真实值之间的差距来修正计算函数，这个过程称为后向修正。前向计算和后向修正轮流迭代的过程称为训练过程。就像我们练习投篮一样，一开始效果肯定不好，但随着训练的进行效果会不断提升。

训练过程中涉及的几个概念需要在下面进行说明。

- 输入（input）：输入神经网络的外界信息通常用 x 表示。投篮例子中的外界信息包括球的重量、篮筐与我们的距离等。
- 目标（target）：准确、真实的结果，通常用 y 表示。投篮例子中，目标就是篮球进篮筐。
- 预测（predict）：神经网络前向计算后得到的结果。投篮例子中，预测就是篮球命中的位置。
- 模型（model）：神经网络从输入到预测的计算逻辑或计算函数。函数是有参数的，例如加权求和计算中的权重。投篮例子中，参数类似于我们投篮的方向和力量，不同的篮球重量、投篮距离需要不同的参数，以准确命中目标。
- 损失（loss）：模型的预测值和真实目标值之间的差距。损失越大说明模型越不好，越需要修正。投篮例子中，损失就类似于篮球命中的位置和篮筐的距离。
- 优化（optimize）：一个良好的模型需要有较小的损失，所以如何进行后向修正就是一个最优化问题，优化的对象是损失的大小，可以调整的是模型的参数。投篮例子中，优化就是不断调整投篮方向和力量，来提高投篮命中率。

这类训练过程都需要一个真实值来计算损失，这个真实值又被称为目标或标签（label）。这个目标或标签在模型训练中的角色就像学校里的老师，它会监督算法的训练过程。所以这类有目标或标签的训练过程称为有监督学习。

8.3.2　矩形周长问题

我们先来看一个估计问题。我们都知道矩形周长受到矩形的长度和宽度这两个因素的影响，也就是说它们三者之间存在着这样一个关系：

$$矩形周长 = w_1 \times 矩形长度 + w_2 \times 矩形宽度$$

在小学数学中我们学过，w_1 应该等于 2，w_2 也应该等于 2。想象这样一种场景，有一台计算机并没有学习过小学数学，但我们可以给它很多个矩形的长度、宽度和周长，它能否自己归纳并估计出 w_1 和 w_2 的值呢？这就是典型的根据数据归纳规律的问题。让我们来试着解决这个问题。

首先我们随机生成 20 个矩形的长度和宽度，这里使用了随机数来生成一个 20 行 2 列的数组 X，然后计算出这 20 个矩形的周长，并将其保存在 y 中。当然，这些数据是怎么生成的只有我们知道，计算机只会看到输入的 X 和 y。

```
X = np.random.randint(1,10,[20,2])
y = 2*X[:,0] + 2*X[:,1]
y = y.reshape(20,1)
```

w_1 和 w_2 统称为模型的参数 W。神经网络一开始并不知道真正的 W，它会预设一个初始的 W，然后进行前向计算，即根据输入的长度、宽度来计算预测的周长。这个预测的周长（预测值）设为 $f(x)$，它并不是真实的周长。一开始，预测的周长和真实的周长肯定不一样。它们之间存在差距，也就是损失。损失越大，说明估计的 W 越差；损失越小，估计的 W 越好。下面的公式就是神经网络中设置的模型，也就是从输入到输出的函数形式，这个函数的参数 W 是未知的，但函数形式一般可以预设成这种加权求和的形式：

$$f(x) = w_1 \times x_1 + w_2 \times x_2$$

可以用图 8-4 所示的类似生物学意义上的神经元来表示这个函数的意义。在输入层有两个负责接收输入信息的神经元，也就是 x_1 和 x_2，有一个负责汇总的神经元，也就是函数 $f(x)$，这几个神经元之间的连接强度就是权重参数 w_1 和 w_2。汇总后的神经元可以经过一些函数过滤或直接输出。这些负责过滤的函数称为激活函数，我们会在后续的例子中看到。

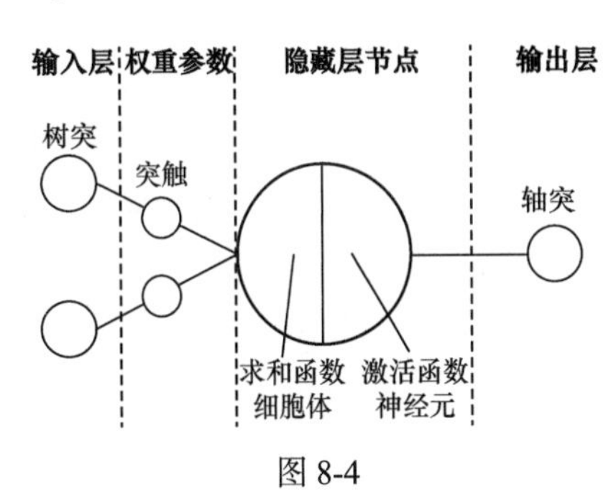

图 8-4

神经网络会得到 20 个矩形，也会算出 20 个差距，有的差距是正值，有的差距是负值。我们用一个计算公式来综合汇总这些差距，这个计算公式是真实值和预测值之间做减法再求平方后计算均值的公式，其得到的结果称为 MSE（mean square error，均方误差）。该公式的含义就是真实值和预测值之间的差距越大，MSE 越大，也就表示预测效果越差，所以我们希望调整模型的参数 W，使 MSE 最小。

$$\mathrm{MSE}=\sum_{i=1}^{n}\left(y-f(x)\right)^2$$

如果用具体的代码来表示这个计算公式，则代码如下。

```
mse = np.mean((y-y_predict)**2)
```

此时这个关于 W 的估计问题就可以转换为最优化问题了。把 MSE 看作优化的对象，在本章前面提及的山谷的高度就是 MSE，W 就是山羊在山谷中的位置。我们通过梯度下降算法来找到一组最好的 W，让 MSE 最小。具体的训练过程的步骤如下。

（1）先给 W 赋一个随机的初始值。

（2）计算给定 W 下的模型预测值，进行一轮前向计算。

（3）计算模型预测值和真实值之间的差距，用来计算的表达式我们叫作损失函数，本例中就是 MSE 的表达式。

（4）根据损失函数来对 W 求导，根据梯度下降算法来修正 W，完成一轮后向修正。

每次迭代权重参数以梯度下降方式更新，具体更新公式为

$$w = w + \mathrm{rate} \times (y-f(x)) \times x$$

具体实现代码如下，构建一个神经网络类 NeuralNet_Simple，初始化函数中包括学习率、迭代次数、权重参数和损失值。注意初始的 W 是随机赋值的。

```
class NeuralNet_Simple:

    def __init__(self, dim,rate=0.1, n_iter=20):
        self.rate = rate # 学习率
        self.n_iter = n_iter # 迭代次数
        self.W = np.random.randn(1, dim) # 代表被训练的权重参数
        self.MSE = [] # 用于保存损失值的空列表
```

类中还包含两个重要的函数，predict 是负责前向计算的函数，它只需要做加权求和就可以了，这里使用了运算更为快速的矩阵方法。fit 是负责训练的函数，它会用初始的 W 来计算预测值，再根据预测值和真实值之间的损失值来计算梯度，根据梯度下降算法来后向修正 W，同时记录损失值的大小。

```
    def predict(self, X): # 给定系数和根据 X 计算预测的 y
        output = np.dot(X, self.W.T)
        return output
```

```
    def fit(self, X, y): # 训练函数
        for i in range(self.n_iter):
            output = self.predict(X) # 计算预测的 y
            errors = y - output
            g = np.dot(errors.T, X)
            self.W += self.rate * g # 根据更新规则更新系数
            self.MSE.append((errors**2).sum()) # 记录损失函数的值
```

神经网络类定义好之后，将其实例化，再输入数据进行训练。训练完成后，可以看到它计算出来的 W 和真实值相差不大。

```
simple_nn = NeuralNet_Simple(dim = X.shape[1], rate=0.001, n_iter=30)
simple_nn.fit(X, y); # 输入数据进行训练
print(simple_nn.W)
```

```
[[2.01709097 1.98181959]]
```

可以将对象中的 MSE 属性输出并进行观察，可以发现该结果和最优化中表现的结果相似，一开始估计的周长和真实的周长之间差距比较大，但随着训练迭代次数不断增加，这种差距越来越小。

```
print (simple_nn.MSE)
```

最后我们可以使用 predict 函数来预测。当一个矩形的长度和宽度分别是 3 和 4 的时候，其预测周长的。最终结果显示预测值和真实值的差距不大，说明这个模型是不错的。通过数据和神经网络算法，神经网络学习到了矩形长度和宽度这两个因素和周长之间的内在逻辑关系。

```
simple_nn.predict([3,4])
```

我们重温一下几个概念及其与本例的关系。

- 输入：输入神经网络的外界信息，在本例中是 20 个矩形的长度和宽度。
- 目标：准确、真实的结果，在本例中是 20 个矩形的周长。
- 预测：神经网络前向计算得到的结果，在本例中是矩形周长的预测值。
- 模型：神经网络从输入到预测的计算逻辑或计算函数。这个计算逻辑由两部分构成，一部分是函数形式或网络结构，它是先验给定的，另一部分是函数参数，它是通过训练得到的。在本例中的网络结构就是加权求和函数，其参数就是 W。
- 损失：模型的预测值和真实目标值之间的差距，在本例中就是计算的 MSE。
- 优化：在本例中优化的对象是 MSE，优化的算法是梯度下降。

这些概念在训练过程中的关系可以用图 8-5 表示。输入和目标都是外界提供的数据，将数据输入神经网络模型，模型是由两部分构成的，一部分是函数形式或网络结构，另一部分是函数参数。初始的权重是随机赋值的，用初始的权重结合外界信息进行前向计算，得到并

不准确的预测值，再根据预测值和目标值来计算损失，接着用梯度下降算法修正函数参数，即进行参数优化，从而找到损失的极小值。最终经过多轮训练后，模型效果会变好。

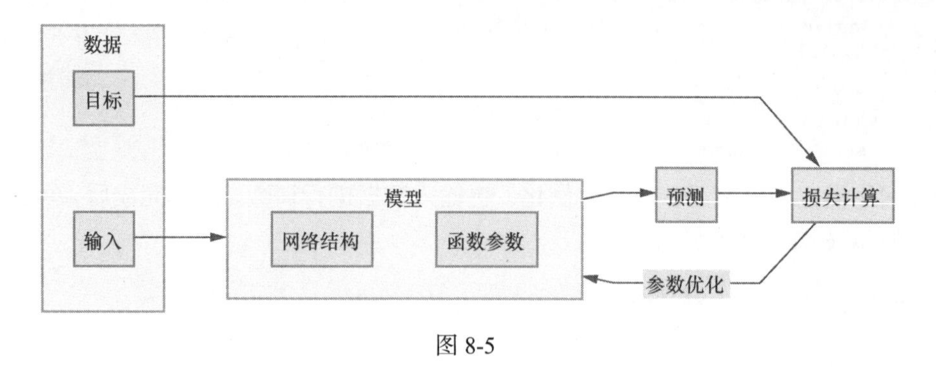

图 8-5

神经网络的训练过程和学生的学习过程相似，学生做练习题，老师进行批改并计算成绩，然后学生针对答错的题进行学习，以修正知识，如图 8-6 所示。

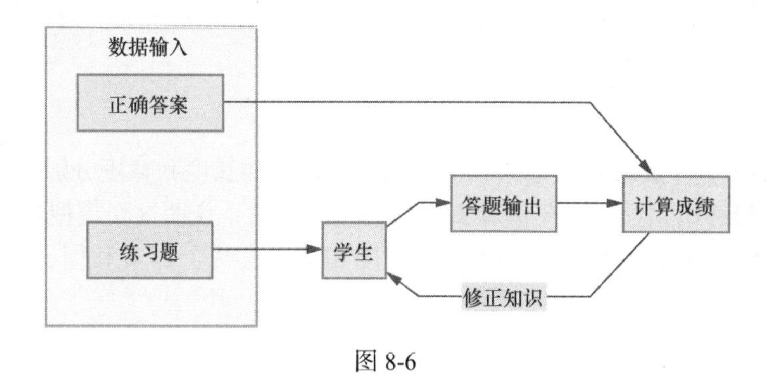

图 8-6

如果我们换一个估计问题，让计算机学习矩形长度和宽度这两个因素和面积之间的内在关系，它也能学会吗？读者可以尝试解决这个问题。

```
X = np.random.randint(1,10,[20,2])
y_area = X[:,0]*X[:,1]
y_area = y_area.reshape(20,1)
```

这里的代码重新设置了 X，并定义 y_area 的值是由矩形长度和宽度相乘得到的。读者可以用上面的算法来重新计算，验证 MSE 能不能减小，以及 predict 能不能算出接近真实值的面积。

8.3.3　用 PyTorch 解决矩形周长问题

在 8.3.2 小节的例子中，我们编写了一个类 NeuralNet_Simple，并编写了前向计算和后向修正的代码，其中的梯度计算方法也是自己定义的。自己定义计算方法比较麻烦。我们知道 PyTorch 可以自动计算梯度，所以接下来我们修改 8.3.2 小节中的神经网络。这就好比以前我们上山是依靠自己的双腿爬上去的，但这次我们要乘坐缆车上山了。

首先加载 torch 等需要的模块，其中 torch.nn 是一个重要的子模块，我们会调用其中的函数来构造神经网络模型。然后定义几个超参数，要解决的问题需要两个输入变量和一个输出变量，所以 input_size 设置为 2，output_size 设置为 1，并定义整体的迭代次数是 30，学习率是 0.001。所谓超参数，就是人为事先设定的参数，它们会影响模型的表现，但它们不是通过数据训练得到的。神经网络结构也可以被认为是超参数。

```
import torch
import torch.nn as nn
# 定义超参数
input_size = 2
output_size = 1
n_iter = 30
learning_rate = 0.001
```

定义神经网络的结构，可直接使用 PyTorch 内置的 Linear 类来生成一个 model 对象。Linear 类就是一个线性加权模型，基本等价于汇总求和。定义损失函数，这里直接使用自带的 MSELoss 函数。最后定义最优化器，参数中包括要修正的模型的参数和学习率。定义好最优化器后，只需要调用它即可，不用自己写优化部分的代码。

```
# 定义模型
model = nn.Linear(input_size, output_size, bias=False)
# 定义损失函数和最优化器
criterion = nn.MSELoss()
optimizer = torch.optim.SGD(model.parameters(), lr=learning_rate)
```

训练部分也很简单，将大部分代码放在一个循环中，将输入数据的格式转换为 PyTorch 需要的格式，然后使用 model 计算预测值，使用预测值和真实值计算损失，再根据损失来修正参数。这里根据损失修正参数的代码非常简洁，只需要清空梯度信息，调用 loss 的反向函数 backward（这一步意味着计算梯度），再调用最优化器的 step 函数（这一步意味着根据梯度来修正各个参数）。最终输出的结果可以证明损失函数值是逐步减小的，说明训练是有效的。

```
# 训练
for epoch in range(n_iter):
    # 数据转换
    inputs = torch.from_numpy(X).to(torch.float)
```

```
    targets = torch.from_numpy(y).to(torch.float)

    # 前向过程
    outputs = model(inputs)
    loss = criterion(outputs, targets)

    # 后向过程
    optimizer.zero_grad()
    loss.backward()
    optimizer.step()

    print ('Epoch [{}/{}], Loss: {:.4f}'.format(epoch+1, n_iter, loss.item()))
```

8.3.4 用 PyTorch 解决矩形面积问题

接下来介绍如何基于 PyTorch 构建一个神经网络，然后用这个神经网络来解决矩形面积问题。首先加载一些必要的模块，并生成对应的矩形长度和宽度数据，以及对应的面积数据。

```
import torch
import torch.nn as nn

X = np.random.randint(1,10,[20,2])
y_area = X[:,0]*X[:,1]
y_area= y_area.reshape(20,1)
```

这里和 8.3.3 小节中一样，定义几个重要的超参数。

```
# 定义超参数
input_size = 2
hidden_size = 50
output_size = 1
n_iter = 1000
learning_rate = 0.01
```

构造一个类，其名称为 NeuralNet，类定义了一个模型是如何汇总计算的。这个类的角色和我们在 8.3.3 小节中定义的 model 函数的角色是相似的。

```
class NeuralNet(nn.Module):
    def __init__(self, input_size, hidden_size, output_size):
        super().__init__()
        self.fc1 = nn.Linear(input_size, hidden_size)
        self.activate = nn.ReLU()
        self.fc2 = nn.Linear(hidden_size, output_size)

    def forward(self, x):
```

```
        out = self.fc1(x)
        out = self.activate(out)
        out = self.fc2(out)
        return out
```

使用 NeuralNet 类构造一个 model 实例。这个实例的构造就不需要自己再写矩阵相乘，也不需要写参数定义这些代码。这里和 8.3.3 小节一样定义了损失函数和最优化器。

```
model = NeuralNet(input_size, hidden_size, output_size)
criterion = nn.MSELoss()
optimizer = torch.optim.Adam(model.parameters(), lr=learning_rate)
```

同样，这里用一个循环来进行计算训练。

```
# 训练
for epoch in range(n_iter):
    # 数据转换
    inputs = torch.from_numpy(X).to(torch.float)
    targets = torch.from_numpy(y_area).to(torch.float)

    # 前向过程
    outputs = model(inputs)
    loss = criterion(outputs, targets)

    # 后向过程
    optimizer.zero_grad()
    loss.backward()
    optimizer.step()

    print ('Epoch [{}/{}], Loss: {:.4f}'.format(epoch+1, n_iter, loss.item()))
```

```
model(torch.Tensor([3,9]))
```

8.4　使用神经网络玩井字棋游戏

我们从本章之前的内容了解到，神经网络能从事先给定的数据中学习输入和输出的逻辑关系。这种逻辑关系不一定完全正确，但也可以达到接近完全正确的程度。那么可以使用神经网络玩游戏吗？当然是可以的。我们在第 2 章已经介绍过井字棋游戏的编写，但是让神经网络玩井字棋游戏（有监督学习）需要标签数据。如果我们能得到一些棋谱数据，我们就能知道在给定的棋局下，较好的落子位置在哪里。下面介绍如何基于井字棋游戏的对弈棋谱数据构建神经网络。

井字棋游戏的对弈棋谱数据包含在 tic_record.txt 文件中，该文件在本书的配套资源中。我们先通过 pandas 模块来读取这个文件。

```
import pandas as pd
columns_name = ['x'+str(i) for i in range(9)]+['y']
tic_data = pd.read_csv('tic_record.txt',names = columns_name)
```

然后可以查看文件的前几行数据。

```
tic_data.head()
```

```
     x0   x1   x2   x3   x4   x5   x6   x7   x8   y
0    0    0    0    0    0    0    0    0    0    5
1    0    0    0    0    0   -1    0    0    0    4
2    0    0    0    0   -1    1    0    0    0    2
3    0    0   -1    0    1   -1    0    0    0    8
4    0    0    1    0   -1    1    0    0   -1    0
```

这个数据共有 10 列。x0～x8 的 9 列数据表示当前棋局的状态，每行数据分别表示的是 9 个空格的状态：空格如果没有被棋子占据，则用 0 表示；如果被占据，则一方用 1 表示，另一方用-1 表示。最后一列数据 y 则表示在当前棋局状态下的落子位置。

这个数据的输入是 9 个变量，输入维度是 9；输出需要从 9 个空格的位置中选择一个，输出维度也是 9。

下面先把输入数据和输出目标数据拆开。

```
X = tic_data.iloc[:,:9].values
y = tic_data.iloc[:,9].values
```

下面定义算法的超参数，这里定义了输入维度、隐藏层维度、输出维度、迭代次数及学习率。

```
input_size = 9
hidden_size = 20
output_size = 9
n_iter = 1000
learning_rate = 0.01
```

定义神经网络的类。

```
class NeuralNet(nn.Module):
    def __init__(self, input_size, hidden_size, output_size):
        super().__init__()
        self.fc1 = nn.Linear(input_size, hidden_size)
        self.activate = nn.ReLU()
        self.fc2 = nn.Linear(hidden_size, output_size)
```

```
    def forward(self, x):
        out = self.fc1(x)
        out = self.activate(out)
        out = self.fc2(out)
        return out

    def save(self, file_name='model.pth'):
        model_folder_path = './model'
        if not os.path.exists(model_folder_path):
            os.makedirs(model_folder_path)

    file_name = os.path.join(model_folder_path, file_name)
    torch.save(self.state_dict(), file_name)
```

接下来对模型进行实例化，定义最优化器。

```
model = NeuralNet(input_size, hidden_size, output_size)
criterion = nn.CrossEntropyLoss()
optimizer = torch.optim.Adam(model.parameters(), lr=learning_rate)
```

随后对神经网络输入数据，进行训练。

```
# 训练
for epoch in range(n_iter):
    inputs = torch.from_numpy(X).to(torch.float)
    targets = torch.from_numpy(y).to(torch.long)

    # 前向过程
    outputs = model(inputs)
    loss = criterion(outputs, targets)

    # 后向过程
    optimizer.zero_grad()
    loss.backward()
    optimizer.step()

    # 验证效果
    if (epoch>0 and epoch%50==0):
        print ('Epoch [{}/{}], Loss: {:.4f}'.format(epoch+1, n_iter, loss.item()))
        with torch.no_grad():
            _, predicted = torch.max(outputs, 1)
            correct = (predicted == targets).sum().item()
            total = targets.size(0)
        print('Accuracy of the network : {} %'.format(100 * correct / total))
```

该模型效果显示的准确率为 75%左右，虽然不是很高，但已经可以进行一局井字棋游戏了。

最后我们用一条数据来试玩井字棋游戏，输入数据全部为 0 的棋局，也就是没有任何棋子落下的棋局，将数据转换格式，再输入模型进行预测，得出最有可能的落子位置。

```
currentBoard = np.array([[0,0,0,0,0,0,0,0,0]])
input = torch.from_numpy(currentBoard).to(torch.float)
output = model(input)
_, predicted = torch.max(output, 1)
print(predicted)
```

8.5 本章小结

本章我们简要介绍了最优化，它是通过调整变量来寻找函数极值的方法。梯度下降是一种常用的最优化方法，其基本思路是根据函数的负梯度方向来逐步调整变量。因为负梯度方向是会让局部函数值下降的方向，所以计算函数的梯度成为最优化方法的关键步骤。我们可以通过数学知识自行计算梯度，也可以通过 PyTorch 模块自动计算梯度，这个功能对于大规模的梯度计算而言非常重要。

神经网络是一种模仿人类神经系统的信息处理方法。它的核心思想是通过汇总外部信息，经前向计算得到预测值，再根据预测值和真实值之间的差距进行后向修正。后向修正会调整参数，这需要用到最优化方法和 PyTorch 模块，将损失看作我们要优化的对象，将参数看作影响损失的因素。它的计算在本质上体现的是不断试错并修正的思想。这个训练过程称为有监督学习。

最后我们将学到的神经网络算法运用于井字棋游戏。给神经网络输入井字棋游戏的对弈棋谱数据，让神经网络根据棋局状态输出正确的落子位置。读者可以尝试将训练好的神经网络和第 2 章的井字棋游戏代码进行整合，试一试能否编写一个和 AI 对弈的游戏。另外，读者也许会有疑问，对弈棋谱数据是怎样得到的呢？对于这个疑问，我们会在第 9 章中进行解答。在第 9 章中我们将讲解蒙特卡罗方法，我们会用这个方法构建一个会下棋的 AI，也会生成 AI 之间的对弈棋谱数据。

第 9 章　蒙特卡罗模拟

本章我们将讲解人工智能领域的重要内容之一——蒙特卡罗模拟。它是一种随机模拟的技术，用于估计不确定事件的可能结果。在计算机出现后，人们更多地使用程序来生成伪随机数，用于更快地完成各种模拟实验。本书前面的内容已经介绍过随机数的使用，例如在贪吃蛇游戏中尝试用随机数当作果实的坐标。本章将使用各种代码示例来帮助读者理解蒙特卡罗模拟的思路，通过程序来模拟扔骰子、扔硬币、抽取扑克牌等各种随机事件。本章最后会基于蒙特卡罗模拟来构建一个玩井字棋游戏的 AI 玩家。

9.1　什么是随机模拟

生活中我们经常会听到“碰运气”的说法，这是因为某些事件的结果具有随机性。所谓随机性，是指某个事件的结果可能是这样也可能是那样，我们在事前并不能预测。例如我们往桌上扔一枚硬币，硬币静止后可能正面朝上，也可能反面朝上，在扔这枚硬币之前我们是没办法预测具体结果的。这种具有随机性的事件叫作随机事件。

虽然我们无法预测随机事件的单次结果，但是当这种随机事件发生的次数非常多时，一些基本规律还是可以得到的。还是以扔硬币为例，扔硬币的单次结果无法预测，但是如果硬币是正常的，并且扔很多次，那么正面朝上和反面朝上的出现次数各占一半左右，这种规律是可以得到的。类似扔硬币这种随机事件，出现正面朝上或反面朝上结果所占的比率叫作概率，有专门的概率论来研究各种概率，不过在本书中我们并不会深入讲解概率，我们只是以随机模拟的角度来初步尝试了解概率。随机模拟需要大量的重复随机抽样实验和计算，而计算机正适合用于完成这种任务。在 20 世纪 40 年代，科学家冯·诺依曼等人发明了蒙特卡罗模拟。

蒙特卡罗模拟一般有如下 4 个主要的计算步骤。

- 定义可能的输入空间范围。
- 在可能的输入空间范围里，基于某种概率分布，生成大量随机输入值。
- 将每个随机输入值放入确定性函数中进行计算，得到函数结果值。

■ 对所有函数结果值进行汇总统计。

设想这样一个随机模拟实验。我们的目标是用计算机模拟来估计圆周率。我们先在窗口中绘制一个直径为 1 的圆形，再紧贴着圆形边缘在圆形外侧绘制一个边长等于 1 的正方形，它们的中心点是重合的。然后进入以下 4 个计算步骤。

■ 以正方形为输入空间范围。
■ 均匀地生成随机点，它们都落在这个正方形中。
■ 计算每一个随机点和圆心之间的距离。
■ 统计所有落在圆形内的随机点的个数，将这个数字除以所有随机点的个数。

这个统计结果的值有什么意义呢？先别急，下面我们先用 Pygame 来实现这个实验。

代码的核心部分如下。在窗口中绘制一个正方形和一个圆形，随后生成两个随机数以构成随机点的坐标。计算随机点和圆心之间的距离，随机点如果落在圆形内则用红色表示点，如果在圆形外则用蓝色表示。同时分别对所有随机点和落在圆内的随机点进行计数，再用这两个数字来换算圆周率值。将这些信息显示在窗口上方。

```
pygame.draw.rect(display_surface, BLACK, (10, 40, 500, 500),width=1)
pygame.draw.circle(display_surface, BLACK, (260, 290), 250,width=1)

x = random.randint(10,510)
y = random.randint(40,540)
radius = math.sqrt((x - 260)**2 + (y - 290)**2)
if radius <= 250:
    point_color = RED
    in_circle += 1
else:
    point_color = BLUE
pygame.draw.circle(display_surface, point_color, (x, y), 1)
total += 1
pi = 4 * in_circle/total
```

完整的代码可以参考 mc_pi.py 代码文件。读者尝试运行这个代码文件，可以发现随着循环运行次数的增加，随机点越来越多，pi 值会越来越接近真实的圆周率值。代码运行后显示的窗口如图 9-1 所示。

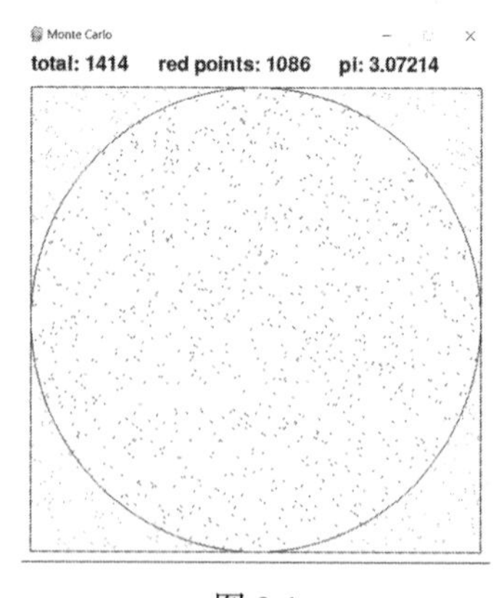

图 9-1

9.2　骰子的模拟实验

NumPy 模块有一个叫作 random 的子模块，可以用来做各种随机数的生成和计算。我们先加载 NumPy 和 random 模块。

```
import numpy as np
import numpy.random as rd
```

random 模块中有一个很有趣的函数 randint，它可以用来随机生成一些整数，使用它的时候，需要指定生成的随机整数的范围。如果我们要模拟一次扔骰子的点数结果，假设骰子只有 6 个面，各面上的点数是从 1 到6 的整数且不重复，那么我们需要在函数中定义生成结果的最小整数是 1，最大整数是 7，因为 randint 的最大整数并不会出现在生成结果中，所以真实生成的结果就是从 1 到 6 的整数。

```
rd.randint(1,7)
```

另一种生成从 1 到 6 的随机整数的方法是使用 choice 函数，它可以从一个列表或数组中随机选择一个元素。

```
number = [1,2,3,4,5,6]
rd.choice(number)
```

如果想生成多个随机整数，可以在函数后面加一个输入参数表示生成的个数，例如我们想模拟连续扔 10 次骰子，就可以通过下面的代码得到结果，结果是一个数组。

```
dies = rd.randint(1,7,10)
```

也可以用 choice 来模拟连续扔骰子。

```
number = [1,2,3,4,5,6]
dies = rd.choice(number,10)
```

计算机是不知疲倦的，我们可以扔 10 次骰子，也可以扔 10000 次骰子，将结果存到 dies 变量中。

```
dies = rd.randint(1,7,10000)
```

想看扔 10000 次骰子的结果到底是怎样的，可以通过统计各种点数出现的次数来实现，也就是统计 1 点出现多少次、2 点出现多少次等。我们可以写一个函数来计算各种点数出现的次数。func_count 函数用一个字典来存放最终的结果，先用 unique 来计算这些生成数组中的去重后的结果，也就是从 1 到 6 这 6 个点数，然后用一个循环来遍历、观察每个点数出现的次数，并将其放入字典中。

```
def func_count(x):
```

```
    result = dict()
    number = np.unique(x)
    for n in number:
        result[n] = x[x == n].size
    return result
```

```
func_count(dies)
```

```
{1: 1696, 2: 1679, 3: 1635, 4: 1687, 5: 1649, 6: 1654}
```

从结果上来看，各种点数出现的次数不完全一样，但是也差不多，说明各点数的出现次数是趋于平均的。

一个骰子的点数是平均出现的，那么两个骰子的点数之和也是平均出现的吗？我们可以模拟多个骰子，例如下面我们来模拟两个骰子。

```
die_1 = rd.randint(1,7,10000)
die_2 = rd.randint(1,7,10000)
die_sum = die_1 + die_2
```

```
func_count(dies_sum)
```

```
{2: 262,
 3: 578,
 4: 799,
 5: 1121,
 6: 1398,
 7: 1618,
 8: 1467,
 9: 1082,
 10: 844,
 11: 563,
 12: 268}
```

可以看到这些点数之和的出现次数存在一些规律，在点数之和较小和点数之和较大的区域，如 2 点、12 点，只出现了 200 多次，7 点出现的次数最多，有 1618 次，这是为什么呢？因为 2 点出现的条件是两个骰子的点数都为 1，这种事件出现的机会比较少，而 7 点出现的条件就很多了，2+5 等于 7，3+4 也等于 7，所以 7 点出现的机会比较多。

我们可以把上面的函数稍微进行修改，计算出各点数出现的次数相对于总次数的占比，这个占比衡量了某个点数出现的概率。这种两侧的结果出现概率小，中间的结果出现概率大的分布情况可以称为钟形分布，它和平均分布有很大区别。

```
def func_prob(x):
    result = dict()
    number = np.unique(x)
    for n in number:
```

```
        result[n] = x[x == n].size/len(x)
    return result
```

```
func_prob(die_sum)
```

```
{2: 0.0262,
 3: 0.0578,
 4: 0.0799,
 5: 0.1121,
 6: 0.1398,
 7: 0.1618,
 8: 0.1467,
 9: 0.1082,
 10: 0.0844,
 11: 0.0563,
 12: 0.0268}
```

我们换一个问题，扔两个骰子，两个骰子的点数都等于 5 出现的概率是多少？可以编写如下代码来计算。

```
test_num = 10000
die_1 = rd.randint(1,7,test_num)
die_2 = rd.randint(1,7,test_num)
result = (die_1 == 5) & (die_2 == 5)
sim_prob = result.sum()/test_num
print("模拟概率为{x:.4f}".format(x=sim_prob))
```

```
模拟概率为 0.0284
```

让我们换一个思路，如果不用计算机程序来计算，而是用数学的思路来思考，那么一个骰子的点数等于 5 出现的概率应该是 1/6，另一个骰子的点数等于 5 出现的概率也应该是 1/6，直接将两个概率相乘就得到了真实概率。

```
real_prob = (1/6)*(1/6)
print("真实概率为{x:.4f}".format(x=real_prob))
```

```
真实概率为 0.0278
```

从扔骰子的例子可以看出，当数据量较大的时候，模拟概率和真实概率会非常接近。

9.3 硬币的模拟实验

请读者思考一个问题：如果扔 3 枚硬币，3 枚硬币全为正面或反面的概率是多少？

模拟硬币的代码和模拟骰子的代码是类似的，我们用 0 来表示硬币的反面，用 1 来表示硬币的正面，可以写出类似的程序，得到 3 枚硬币各扔 10000 次的结果。

```
test_num = 10000
coin_1 = rd.randint(0,2,test_num)
coin_2 = rd.randint(0,2,test_num)
coin_3 = rd.randint(0,2,test_num)
```

这些模拟的结果都是数组的形式，判断数组是否满足某个条件，直接使用比较操作符==，再用&（表示“且”的关系）操作符连接，这样计算出 3 枚硬币都是正面或都是反面的模拟结果。

```
result_1 = (coin_1 == 1) & (coin_2 == 1) & (coin_3 == 1)
result_2 = (coin_1 == 0) & (coin_2 == 0) & (coin_3 == 0)
(result_1.sum()+result_2.sum())/test_num
```

```
0.2527
```

我们再看一个稍微复杂的问题。假设有人找你玩一个游戏，每人扔一枚硬币，每次两人一起给出正、反面结果。

该游戏可能出现的结果如下。

- 出现两个正面或两个反面，你赢。
- 出现一正一反，对方赢。

问题是你要不要和他玩这个游戏?

假设两人给出正、反面的结果都是随机的，就可以模拟这个游戏的结果。

```
test_num = 10000
coin_1 = rd.randint(0,2,test_num)
coin_2 = rd.randint(0,2,test_num)
result_1 = (coin_1 == 1) & (coin_2 == 1)
result_2 = (coin_1 == 0) & (coin_2 == 0)
result_3 = ((coin_1 == 0) & (coin_2 == 1)) | ((coin_1 == 1) & (coin_2 == 0))
```

可以看到这 3 种可能的结果对应的概率大约是 1/4、1/4、1/2，也就是双方差不多都有 50%的概率获胜。

```
print(result_1.sum())
print(result_2.sum())
print(result_3.sum())
```

```
2550
2431
5019
```

9.4　扑克牌的模拟实验

本节基于前述知识，利用 Python 编写一个抽扑克牌的程序，也就是尝试从一副牌中随机抽取两张牌，计算抽到一对 A 的概率是多少，然后将其和真实概率进行对比。

下面我们用数组来建立一副扑克牌（不含大、小王），数组中的每个元素实际上是一个字典，s 表示花色，n 表示点数。

```
suit = ['红心','黑桃','方片','草花']
number = ['2','3','4','5','6','7','8','9','10','J','Q','K','A']
cards = np.array([{'s':s,'n':n} for s in suit for n in number])
```

```
cards[:4]
```

```
array([{'s': '红心', 'n': '2'}, {'s': '红心', 'n': '3'},
       {'s': '红心', 'n': '4'}, {'s': '红心', 'n': '5'}], dtype=object)
```

可以使用 choice 来从数组中模拟随机抽牌。

```
my_card = rd.choice(cards, 2,replace=False)
my_card
```

```
array([{'s': '黑桃', 'n': '10'}, {'s': '红心', 'n': 'J'}], dtype=object)
```

下面写一个函数，计算抽得一对 A 的概率是多少。

```
def cards_func():
    my_card = rd.choice(cards, 2,replace=False)
    is_AA = my_card[0]['n'] == 'A' and my_card[1]['n'] == 'A'
    return is_AA
```

```
test_num = 10000
result = np.array([cards_func() for x in range(test_num)])
```

```
sim_prob = result.sum()/test_num
print("模拟概率为{x:.4f}".format(x=sim_prob))
```

```
模拟概率为0.0047
```

对于抽得一对 A 的真实概率可以这样来思考，52 张牌中只有 4 张 A，那么要抽一对 A 的过程可以分为两步：第一步从 52 张牌中抽到 4 张 A 中的一张，这一步的概率是 4/52；第二步从剩下的 51 张牌中抽到 3 张 A 中的一张，这一步的概率是 3/51。

```
real_prob = (4/52)*(3/51)
print("真实概率为{x:.4f}".format(x=real_prob))
```

```
真实概率为0.0045
```

从一副扑克牌中抽取 5 张牌，其中 4 张点数一样的概率是多少？用模拟的方法来编写程序。

```
suit = ['红心','黑桃','方片','草花']
number = ['2','3','4','5','6','7','8','9','10','J','Q','K','A']
cards = np.array([{'s':s,'n':n} for s in suit for n in number])
```

```
def cards_func():
    my_card = rd.choice(cards, 5,replace=False)
    is_fore = len(set([c['n'] for c in my_card]))==2
    return is_fore
```

```
test_num = 10000
result = np.array([cards_func() for x in range(test_num)])
```

```
sum(result)/10000
```

```
0.0016
```

可以看到，对于一些略复杂的问题，直接用数学的思路来算有些麻烦。这时我们就可以借助计算机的算进行穷举来模拟出结果。

9.5 使用蒙特卡罗方法玩井字棋游戏

在第 2 章我们用 Python 实现了井字棋游戏，在第 8 章我们用棋谱数据实现了会下棋的神经网络，在本节我们将在没有棋谱数据的情况下构建一个会下棋的 AI 玩家。我们先想想人类是如何下棋的。俗语说“下棋看三步”，人类下棋实际上思考的是评估在哪个位置上落子会更有利，而评估是否有利的方法就是在自己的大脑里模拟可能出现的情形，分析如果在某个位置落子，对方可能会如何应对，自己该如何应对对方的应对方案。

计算机也是如此。让计算机下棋，需要设计一种更容易量化的评估方法，能让计算机知道每一个落子位置的价值。以井字棋游戏为例，刚开局时棋局处于空白状态，此时计算机应该选择在哪个位置落子呢？一种可能的思路就是暴力穷举。在不同位置落子会形成不同的后续局面，如果在 A 位置开局落子，而且最终能胜利，则说明 A 位置是不错的选择。如果在 B 位置开局落子，而且最终失败了，则说明 B 位置不是一个好的选择。可以给定所有 9 个可能的开局落子位置，在每个可能情况下遍历所有可能的对手落子位置，以此轮换思考，遍历出所有 9 个可能的开局落子位置对应的对弈最终结局，然后汇总计算出 9 个可能的开局落子位置所对应的胜负比率，这样一定会有一个胜率最高的开局落子位置。这样的思路虽然在理论上可行，但是遍历次数非常多，当棋盘较大时是很难实现快速计算的。

前面学习的蒙特卡罗模拟就可以在这时派上用场。它作为一种随机抽样的方法，正好能用来代替暴力穷举。在 9 种可能的开局落子位置上，双方轮流随机下棋，来得到大量的对弈最终结局。只要这种随机下棋的对弈次数够多，随机模拟情形下的胜率会接近于暴力穷举下的胜率。虽然看起来是在胡乱下棋，但初始的局面因素会在一定程度上体现在最终的胜负上。这样计算机通过模拟和它自己下棋，能评估某个局面是否有利，也就能评估某一步棋是否有利。归纳上述内容，计算机在选择落子位置时，会在自己的“大脑”里用随机下棋的方式进行多轮模拟，根据模拟的结果反推当前在哪个位置落子的胜率最高，最后会选择这个最优位置进行落子。

我们在第 2 章构建了 Game 类和 Board 类，这里我们在此基础上增加一个 AI_tic 类。使用蒙特卡罗模拟玩井字棋游戏的类图设计框架如图 9-2 所示。

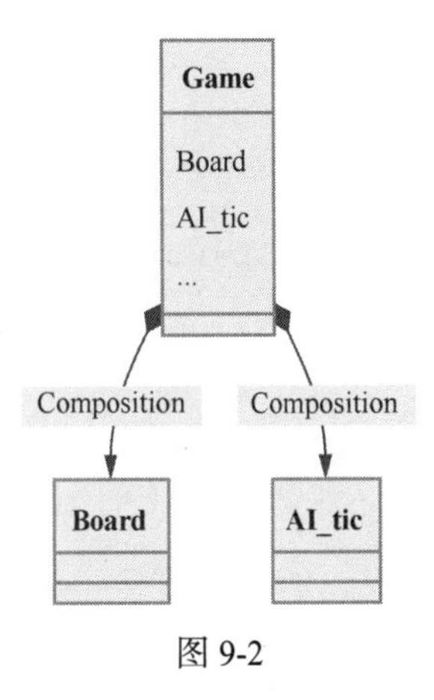

图 9-2

新增的 AI_tic 类用于构建 AI 玩家。初始化函数中 n_sim 定义了模拟的次数，也就是会运行 n_sim 次模拟，得到 n_sim 个胜负结局。size 表示棋盘大小。getNextMoves 函数负责获取当前棋局下有多少个可以落子的位置。该函数的基本逻辑就是遍历所有棋盘位置，如果是可以落子的位置，就标记这个位置，将其作为可能的落子位置，或者一种新的棋盘局面，并将这种新的棋盘局面保存在 nextMoves 列表中。

```
class AI_tic:

    def __init__(self,n_sim, size):
        self.n_sim = n_sim
        self.size = size

    def getNextMoves(self,currentBoard, player):
        nextMoves = []
        for i , _ in enumerate(currentBoard.pieces):
            if currentBoard.isMoveValid(i):
                boardCopy = deepcopy(currentBoard)
                boardCopy.setMove(i, player)
                nextMoves.append(boardCopy)
        return nextMoves
```

对于上述获取的每个可能的落子位置，计算机都需要评估其价值。评估的方法就是计算机自己“左右互搏”模拟下棋，得到最终胜负结果。例如，下面的 oneSimulation 函数负责模拟下完一局棋，其函数参数是给定的某个棋局状态和待落子玩家。该函数调用 getNextMoves 函数获取所有可落子的位置后，在 while 循环中用随机函数 randint 随机选择其中一个位置落子。该函数调用 getNextPlayer 来轮换模拟的玩家的落子顺序，模拟的玩家也会从可落子的位置中进行随机选择，这样就实现了双方轮换随机下棋的功能。当 hasWon 函数返回逻辑真值时，棋局结束，跳出 while 循环，完成这局模拟的对弈。oneSimulation 函数返回的结果有两个，其中 firstMove 是这局对弈的第一个落子位置，score 是这个落子位置的分值。

需要注意的是 while 循环的条件是 nextMoves 不为空，也就是说，如果棋盘没有任何位置可以落子时，将跳出循环。另外要注意 score 的计算逻辑，每次落子时，score 会减 1，目标是让较早阶段就能获得胜利的玩家的落子位置得分相对较高。如果最后获得胜利的玩家不是先手玩家，说明是后手玩家获得胜利，那么说明开局落子位置很糟糕，将得分取负数。

```
def oneSimulation(self,currentBoard,currentPlayer):
    simulationMoves = []
    player = currentPlayer
    nextMoves = self.getNextMoves(currentBoard, player)

    score = self.size * self.size

    while nextMoves != []:
        roll = random.randint(1, len(nextMoves)) - 1
        nextBoard = nextMoves[roll]
        simulationMoves.append(nextBoard)
        if nextBoard.hasWon(player):
            break
        score -= 1
        player = Game.getNextPlayer(player)
        nextMoves = self.getNextMoves(nextBoard, player)
    firstMove = simulationMoves[0]
    if player != currentPlayer and nextBoard.hasWon(player):
        score *= -1
    return firstMove, score
```

getBestNextMove 函数用于在给定的局面条件下找到最佳落子位置。函数中定义了一个字典。每次循环会调用 oneSimulation 函数进行一次模拟对弈，并获取该次对弈的开局落子位置和得分，然后将开局落子位置作为键、得分作为值存入字典中。因为棋局对象不方便作为字典的键，所以取出 pieces 属性转换成 tuple。通过多次模拟对弈，得到每种开局落子位置的累计得分用于评估决策。最后用 max 函数来获取累计得分最高的开局落子位置。

```
def getBestNextMove(self,currentBoard, currentPlayer):
    evaluations = {}
    for _ in range(self.n_sim):
        boardCopy = deepcopy(currentBoard)
        firstMove, score = self.oneSimulation(boardCopy,currentPlayer)
        firstMovePos = tuple(firstMove.pieces)
        if firstMovePos in evaluations:
            evaluations[firstMovePos] += score
```

```
        else:
            evaluations[firstMovePos] = score
    bestMove = max(evaluations, key=evaluations.get)
    return list(bestMove)
```

修改在第 2 章中定义的 play 函数。当玩家是人类玩家时，让玩家自己输入落子坐标；当轮到 AI 玩家时，调用 getBestNextMove 函数进行决策，其返回的棋局数据用于给棋局对象 board 重新赋值。这样修改之后就可以让人类玩家和 AI 玩家对弈了。读者可以尝试能否战胜 AI 玩家。

```
def play(self):
    self.board.show()
    while self.board.hasMovesLeft():
        if self.currentPlayer == self.userPlayer:
            self.getPlayerMove()
        else:
            self.board.pieces = self.AI.getBestNextMove(self.board,
                                                        self.currentPlayer)
        self.board.show()
        if self.board.hasWon(self.currentPlayer):
            print('\n 玩家 ' + self.currentPlayer + ' 胜利!')
            break
        self.currentPlayer = self.getNextPlayer(self.currentPlayer)
```

除了人类玩家和 AI 玩家进行对弈，还可以让两个 AI 玩家互相对弈。只需要对 play 函数进行一些简单修改即可。

```
def AIvsAI(self):
    self.board.show()
    while self.board.hasMovesLeft():
        self.board.pieces = self.AI.getBestNextMove(self.board,
                                                    self.currentPlayer)
        self.board.show()
        if self.board.hasWon(self.currentPlayer):
            print('\n 玩家 ' + self.currentPlayer + ' 胜利!')
            break
        self.currentPlayer = self.getNextPlayer(self.currentPlayer)
```

既然 AI 玩家已经可以互相对弈了，那么我们就能把这些对弈棋谱数据保存下来交给神经网络去学习。编写的函数并不复杂——将原始的棋局信息的格式用函数 replacePieces 转换成神经网络需要的格式，然后用落子前后的状态集合来获取落子位置的坐标，并将其保存为变量 move，用 write 写入文件。

```
def AIvsAI_file(self,file):
    while self.board.hasMovesLeft():
```

```
            PiecesBefore = self.replacePieces(self.board.pieces,self.currentPlayer)
            boardSet = set([str(i)+x for i, x in enumerate(self.board.pieces)])
            self.board.pieces = self.AI.getBestNextMove(self.board,
                                                self.currentPlayer)
            boardSetPlay = set([str(i)+x for i, x in enumerate(self.board.pieces)])
            move = list(boardSetPlay - boardSet)[0][0]
            file.write(','.join(PiecesBefore))
            file.write(','+move+'\n')
            self.currentPlayer = self.getNextPlayer(self.currentPlayer)
```

在程序的 main 入口处定义文件位置和循环次数,此处我们让两个 AI 玩家互相对弈了 500 局。注意这里的对弈是真实的对弈，AI 玩家下的每一步棋都是基于它们多轮模拟的对弈结果而计算出来的最优落子位置。真实的对弈是需要深思熟虑的，而模拟的对弈是随机进行的。

```
if __name__ == '__main__':

    with open(r'tic_record.txt', 'w') as file:
        for i in range(500):
            game = Game(boardSize=3,startPlayer='X')
            game.AIvsAI_file(file)
            print("-----"+"epoch"+str(i)+"-----")
        print("Done")
```

9.6 本章小结

本章我们介绍了蒙特卡罗模拟方法，它是一种随机模拟的技术，用于估计不确定事件的可能结果。我们用 Python 中的 random 模块来编写进行模拟的代码，实现多个不同场景的模拟效果，例如计算圆周率，模拟玩骰子、扑克牌等，最后用蒙特卡罗模拟方法构建了井字棋游戏的 AI 玩家。

蒙特卡罗模拟方法下的井字棋游戏和第 8 章介绍的神经网络下的井字棋游戏有很大区别。神经网络下的井字棋游戏使用了有监督学习，训练过程需要对弈棋谱数据，也就是需要一个老师来帮助它。蒙特卡罗模拟方法下的井字棋游戏不需要对弈棋谱数据，它可以“自学成才”，它还能产生 AI 玩家的对弈棋谱数据。其核心原理在于计算机通过多轮模拟随机下棋，可以计算各个开局落子位置上的相对价值，然后在真实下棋时，选择价值最高的落子位置。这就是随机模拟的力量。我们会在第 16 章介绍使用蒙特卡罗模拟方法来玩五子棋游戏。本章讲解的这种模拟方法还有可改进之处，我们每次模拟的时候，它们的信息并不是共享的。也就是说，第一轮模拟后得到的落子位置价值信息，并未在第二轮模拟时用上，每一轮模拟都是从头开始的。如果能把这些信息累积起来，计算效果将会更上一层楼。我们会在第 16 章详细讲解改进后的方法，也就是蒙特卡罗树搜索。这种方法构成了 AlphaGo 的核心算法模块。

第 10 章我们会进入一个新的 AI 领域，也就是强化学习。强化学习能完全靠自己“自学成才”，但需要一种独特的标签的帮助。我们会用强化学习来构建多个游戏中的 AI 玩家。

第 10 章　强化学习入门

本章我们介绍人工智能领域的一个重要方法——强化学习。从强化学习的名称可以看出，其主要思路是利用奖惩机制来强化或矫正某些动作。我们将通过一些例子来带领读者深入理解强化学习的算法，并且研究一个迷宫问题，构建不同的强化学习算法来通关这个迷宫问题。

10.1　什么是强化学习

我们在生活中会不自觉地应用强化学习的思想。例如我们抱养了一只小狗，希望能训练它按照人的指令做出动作，虽然小狗听不懂人的语言，无法通过上课教育它，但是可以对它的动作进行强化或矫正。如果我们让它坐下，它做出了对的动作，就奖励给它一根骨头；如果它做出了错的动作，我们就不给骨头或者给一个小小的惩罚，很快它就能明白我们让它坐下时应该怎么做了。我们上学的时候，如果表现得很好，老师可能会发给我们一朵小红花；如果表现得糟糕，老师可能会来家访，我们可能就会被批评，这些都是强化学习的思想的体现。

强化学习看起来和第 8 章中讲到的有监督学习有些相似，二者都有监督机制和反馈机制。二者的重要的区别在于，有监督学习的每一个动作或者对每一条数据的处理都需要对应的标签，但是在强化学习的应用场景中，在一系列的动作完成后才会得到反馈。这种延时反馈在生活中也会遇到，例如，我们今天努力地学习，这个动作在今天可能并不会马上得到正面的反馈，但是在期终考试或者未来的某个时间，今天的努力会得到正面的反馈。所以强化学习的应用是在没有丰富的、即时的标签，但是又可以得到少量延时反馈的情况下的场景。

让我们设想一个具体的计算机应用场景。我们需要给一个机器人编写程序，让它能通过一座迷宫，迷宫中有的地方是墙壁，有的地方是陷阱，有的地方是出口。机器人并不清楚整座迷宫的情况，每次它可以选择往 4 个方向中的任意一个方向走一步，它每走完一步，并不会立刻得到反馈，要等到它最终找到出口或落入陷阱后，才会得到反馈。问题是我们应该如何编写程序，让它能根据这种反馈最终找到出口，并且避免落入陷阱。

之前学习的有监督学习并不适用于这个场景，因为有监督学习需要在每一步之后都对应一个反馈，但是该场景中机器人并不能马上得到反馈，它只能在走到特定的地方才能得到反馈。从直觉上来看，我们应该怎么解决这个问题呢？其实还是依靠试错、反思和记忆。机器人一开始可以随机地探索这个未知的迷宫世界，当它走到出口的时候，它会明白之前的一系列努力是有用的；当它落入陷阱的时候，也会明白之前的某些动作可能是有问题、需要回避的。下次再遇到类似的状况时，它就不会再采用有问题的动作。

所以强化学习的本质就是试错、反思和记忆。下面我们将直觉上的这些内容用一些正式的概念进行表述。

- 主体（agent）：谁来负责做出动作，谁来承受后果，也就是进行试错、反思和记忆的主体。在本例中就是机器人。
- 环境（environment）：对主体的动作进行反馈。在本例中就是迷宫。
- 动作（action）：主体的选择有哪些。在本例中就是选择向上、向下、向左或向右，以决定行进的方向。
- 状态（state）：反映主体的一系列状况。在本例中就是机器人在迷宫中的位置坐标。
- 策略（strategy）：主体的应对方案，是从输入状态到输出动作的一个函数。在本例中就是机器人如何走迷宫的方案。
- 回报（reward）：主体在环境中进行了某些动作之后得到的奖惩。在本例中就是找到出口得到的正回报，或者落入陷阱得到的负回报。

我们通过图 10-1 来具体解释强化学习的几个概念的关系。图 10-1 表达的是一种主体和环境交互的关系，主体处于环境之中，它的目标是要让自己的回报最大，也就是能快速走出迷宫。它可以从迷宫环境得到一些信息，这些信息主要包括两部分，一部分是主体在环境中的状态信息，具体而言就是位置坐标；另一部分是环境给主体的回报信息，只有当主体到达迷宫出口的时候才会有正回报。主体得到这两部分信息后需要根据自己的策略来返回一个动作，这里就是从 4 个方向中选择其一。主体将动作进行实际执行，环境得到主体的动作之后，给出下一步的状态和回报信息，以此不断循环、迭代。

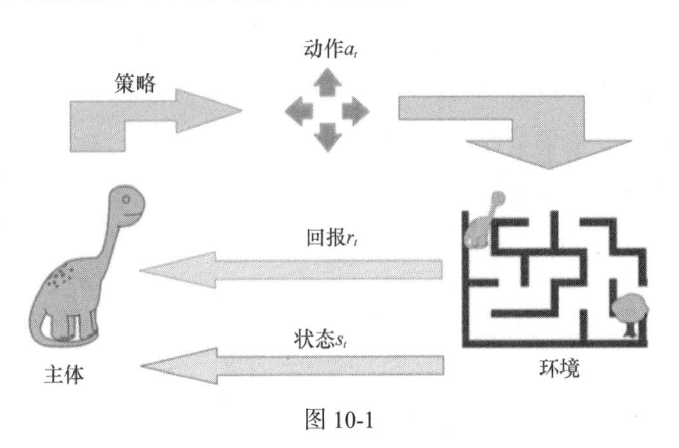

图 10-1

总而言之，本例中的强化学习就是要训练主体通过自己走迷宫和环境进行交互，再根据执行一系列动作后的状态和回报，来找到走迷宫的策略。

10.2 冰湖迷宫问题

下面我们来解决一个更具体的迷宫问题，以便读者更清晰地理解 10.1 节介绍的概念。图 10-2 所示为一座名为冰湖的迷宫。

冰湖迷宫的大小为 4×4 个单位，一共由 16 个格子组成。主体是一个机器人，它的初始位置是左上角的格子，机器人可以往 4 个方向行走，每次可走一个单位，但无法走出这个由 16 个格子组成的冰湖迷宫。机器人如果在初始位置还要试图向左或向上行走，它将停留在原地，因为 16 个格子区域的外面都是墙壁；如果能顺利地走到右下角的出口位置，则可以获得一份奖励并结束本轮冒险游戏。需要注意到冰湖迷宫中有 4 个位置是陷阱，例如机器人走到第二排第二列的格子上时，就会落入这个冰湖迷宫的陷阱里，这样就会结束本轮冒险游戏，但不会有任何奖励或惩罚。最后还需要注意的一点是，冰湖迷宫路面很滑而且有风，所以机器人行走时下一步的结果并不是确定的，而是存在随机性的。例如，机器人的动作是向右走一步，但是真正能向右走一步的概率是 1/3，另外有 1/3 的概率会向上走一步，还有 1/3 的概率会向下走一步。这是环境的随机性造成的。

图 10-2

结合这个具体的冰湖迷宫问题，我们来回顾一下强化学习的几个概念。

- 主体：处于冰湖迷宫中的机器人。
- 环境：由 16 个格子组成的冰湖迷宫。
- 动作：向上、向下、向左、向右这 4 个动作。在代码中用 4 个数字代表方向，0 代表向左、1 代表向下、2 代表向右、3 代表向上。
- 状态：机器人在冰湖迷宫中的位置坐标。因为有 16 个格子，所以用数字 0～15 来表示从左到右、从上到下的顺序位置。数字 0 代表左上角位置，数字 15 代表右下角位置。所以，4 个陷阱的位置分别是 5、7、11、12。
- 策略：机器人走出冰湖迷宫的方案，这个方案是一个函数，它的输入是位置坐标，输出是 4 个动作。
- 回报：到达位置 15 时回报加 1，到达其他位置时回报为 0。

在 Python 中有一个 gym 模块，它提供了强化学习所必需的环境对象，其中就内置了冰湖迷宫问题。我们用下面的代码来加载模块，并加载这个冰湖迷宫环境。

```
import gym
env = gym.make('FrozenLake-v1',render_mode="human")
```

env 是一个可调用的环境对象，可以使用它在代码中和环境交互。reset 可以将环境重置，此时会将主体放在左上角的初始位置，并返回其状态值 0。render 函数用于将环境显示在窗口中。step 函数用于实现和环境交互，函数的输入参数是 action，此时输入 2 表示向右走。

```
env.reset()
env.render()
env.step(2)
```

step 函数返回值将有 5 个，存放在一个元组中，我们主要关注前 3 个即可。例如，step(2) 的返回值中，前 3 个分别表示输入 2 后机器人所处的新状态是什么、获得的回报是多少、本轮冒险游戏有没有结束。

```
(1, 0.0, False, False, {'prob': 0.3333333333333333})
```

新状态等于 1，表示现在处于初始位置右侧的格子里；获得的回报等于 0.0，表示此时没有得到任何回报；False 表示本轮冒险游戏还没有结束。

不需要交互时可以使用 close 来关闭游戏环境。

```
env.close()
```

下面我们用这个环境来尝试一些简单的交互。为了更好地显示并观察我们的策略及其效果，先定义两个辅助函数。

print_policy 函数用于显示当前的策略。所谓策略，是指一套完整的应对逻辑，即当我们处于怎样的状态时进行怎样的动作。也可以认为策略就是一个从状态到动作的函数。在 print_policy 函数的输入参数中，pi 就是策略函数。print_policy 函数的主体是 for 循环，其遍历了所有的迷宫状态，并将其输入策略函数，得到对应的动作方向 a，然后将这些信息输出以便我们观察策略函数的内在逻辑。

```
def print_policy(pi, env, n_cols=4):
    print('Policy:')
    arrs = {k:v for k,v in enumerate(('<', 'v', '>', '^'))}
    nS = env.observation_space.n
    for s in range(nS):
        a = pi(s)
        print("| ", end="")
        if s in [5,7,11,12,15]:
            print("".rjust(9), end=" ")
        else:
```

```
            print(str(s).zfill(2), arrs[a].rjust(6), end=" ")
        if (s + 1) % n_cols == 0: print("|")
```

test_game 函数用于测试策略函数的效果，其核心部分是 for 循环。每次循环都会重置环境，用策略函数 pi 来输入初始状态，得到动作。反复和环境交互，得到新的状态和回报，以及是否结束的标志。持续这种交互直到游戏结束。游戏结束即 while 循环结束，此时判断最终得到的回报是否大于 0，并将结果存入 results 列表中。只有机器人走到冰湖迷宫的右下角时，回报才会大于 0。该函数会计算在 100 轮冰湖迷宫游戏中，给定使用某个策略，能有多大的比例成功通关。

```
def test_game(env, pi):
    results = []
    for _ in range(100):
        state,_ = env.reset()
        Done = False
        while not Done:
            action = pi(state)
            state, reward, Done, _ ,_= env.step(action)
        results.append(reward>0)
    return np.sum(results)/len(results)
```

一开始我们也不知道应该怎么确定走出冰湖迷宫的策略，但是没关系，先胡乱走几步，总比什么都不做要好，所以先生成一个随机策略，来看其表现怎样。该随机策略使用 choice 函数从 4 个方向中随机选择一个。所谓随机策略，是指策略的生成是随机的，但当策略遇到同一个状态时，它给出的动作方向是确定的而非随机的。

我们将生成的随机策略保存为 random_pi 函数，它本质上是一个字典。调用上述两个辅助函数，先输出并显示这个策略的逻辑，方便我们观察，随后测试这个策略，走 100 轮冰湖迷宫测试能有多少轮成功通关。

```
env = gym.make('FrozenLake-v1')
env.reset()
random_pi = lambda s: {k:v for k in range(16) for v in np.random.choice(4,16)}[s]

print_policy(random_pi,env)
print('Reaches goal {:.2f}%. '.format(test_game(env, random_pi)*100))
```

```
Policy:
| 00      < | 01      ^ | 02      v | 03      ^ |
| 04      v |           | 06      ^ |           |
| 08      > | 09      v | 10      v |           |
|           | 13      > | 14      v | 15        |
Reaches goal 0.00%.
```

这个随机策略是胡乱行动，丝毫没有考虑当前的状态情况，所以效果很差，没有一轮能通关成功，机器人每轮都落入了陷阱。

那么应该怎么办呢？让我们启用“人脑智能”。仔细观察冰湖迷宫的结构，是不是只要能绕过陷阱，往右下角方向走就可以通关成功呢？我们制定一个“人脑智能”下的策略，这个策略称为 human_pi，它刻意地回避了陷阱方向。

```
LEFT, DOWN, RIGHT, UP = range(4)
human_pi = lambda s: {
    0:RIGHT, 1:RIGHT,  2:DOWN,   3:LEFT,
    4:DOWN,  5:LEFT,   6:DOWN,   7:LEFT,
    8:RIGHT, 9:RIGHT,  10:DOWN,  11:LEFT,
    12:LEFT, 13:RIGHT, 14:RIGHT, 15:LEFT
}[s]
print_policy(human_pi, env)
print('Reaches goal {:.2f}%. '.format(test_game(env, human_pi)*100))
```

```
Policy:
| 00      > | 01      > | 02      v | 03      ^ |
| 04      v |           | 06      v |           |
| 08      > | 09      > | 10      v |           |
|           | 13      > | 14      > | 15        |
Reaches goal 6.00%.
```

在“人脑智能”下确定的策略，从方向上看，可以使机器人避免走向陷阱的方向，而且往右下角的正确方向行走，但最终通关成功率也只有 6%而已。这是因为环境包含随机性，例如在位置 10 的状态下，human_pi 认为应该直接往下走（正确的方向确实如此），但机器人有 1/3 的概率滑到右侧的陷阱中。那么能否制定一个更优秀、更安全的策略呢？读者可以思考如何制定这样的策略。

10.3　用蒙特卡罗方法解决冰湖问题

回忆一下第 9 章的内容。在井字棋游戏的例子中，利用随机落子能评估出某个位置的价值，那么机器人在迷宫中随机朝 4 个方向行走，应该也能评估出在某个状态下进行某种动作的价值。这个概念称为 Q 值。Q 值用于计算得到的不同的状态和动作组合下的价值，状态和动作的组合又称为状态动作对，我们可以用(state,action)元组来表示。状态动作对的价值就是 Q 值，表示为 Q(state,action)。例如 Q(10,1)就是指当状态位置等于 10，并且选择向下走时的 Q 值。

一开始我们不知道怎么计算 Q 值时，可以用随机策略通过大量实验来收集数据。例如，当遇到位置 10 就向下走时，它的长期收益是多少，也就是最终通关成功率会是多少。这就是

Q(10,1)。同样，我们也会得到 Q(10,0)，也就是当遇到位置 10 就向左走的最终通关成功率。在数据收集完之后，我们可以对比 Q(10,1)和 Q(10,0)，如果向左走更安全、更有可能通关，那么 Q(10,0)就会大于 Q(10,1)。在后续走迷宫时，就可以选择 Q 值更大的方向。

下面我们开始编写相应的代码，基本的代码逻辑如下。

- 第 1 步，用随机策略在冰湖迷宫中行走，通过和环境交互来收集每轮游戏的数据。
- 第 2 步，计算每个状态动作对的 Q 值，也就是 Q(state, action)。计算方法是累计从当前一对(state, action)开始后的所有回报，这个累计回报称为 G 值，多少轮游戏就会有多少个 G 值，计算它们的平均值就可得到 Q 值。所有状态动作对都能算出对应的 Q 值，它们统称为 Q 表。从步骤 1 到步骤 2，也就是计算 Q 表的过程称为策略评估。
- 第 3 步，基于 Q 值来修改并优化初始的随机策略。这个过程称为策略优化。
- 第 4 步，用另一个环境实验来检验这个优化后的策略的效果。
- 第 5 步，用优化后的策略再进行游戏，收集数据，重新计算 Q 值。

下面是具体代码。首先定义 select_action 函数，它基于 Q 值来产生动作。注意这个函数有 3 个条件判断，如果是纯随机探索，那么 mode 为 explore，此时就只需要在所有的可能的动作中随机选择，也就是乱走。如果 mode 为 exploit，也就是说 Q 值已经算得很准确了，我们有了一个优化后的策略，直接根据优化后的策略行走即可。如果 mode 为 both，表示两种行动的概率均为 50%。后续我们会介绍这个函数是如何作用的。

```
def select_action(state, Q, mode):
    if mode == "explore":
        return np.random.randint(len(Q[state]))
    if mode == "exploit":
        return np.argmax(Q[state])
    if mode == "both":
        if np.random.random() > 0.5:
            return np.argmax(Q[state])
        else:
            return np.random.randint(len(Q[state]))
```

我们还需要一个 play_game 函数与游戏环境交互，也就是基于策略函数玩一轮游戏，以收集数据。这个函数和 test_game 函数有一些相似，都使用 env.step 与环境交互，直到游戏结束。二者的重要区别是 play_game 函数使用了 select_action 函数，用随机的方式来产生动作，以实现随机探索的效果。还有重要的一点是 play_game 函数将每一步动作前后的状态，以及相关数据一共 4 个元素保存在 experience 中，以方便后续的计算。experience 中是单步决策相关的数据，一轮游戏中将所有决策相关的数据都保存在 episode 中，episode 的格式是 NumPy 的 Array。Play_game 函数还设置了一个最大步数 max_steps，以避免一轮游戏的交互时间太长。

```
def play_game(env, Q ,max_steps=200):
    state, _ = env.reset()
    episode = []
```

```
    finished = False
    step = 0

    while not finished:
        action = select_action(state, Q, mode='explore')
        next_state, reward, finished, _, _ = env.step(action)
        experience = (state, action, finished,reward)
        episode.append(experience)
        if step >= max_steps:
            break
        state = next_state
        step += 1

    return np.array(episode,dtype=object)
```

接下来定义最核心的函数之一，也就是 monte_carlo 函数。为了计算并保存 Q 表，需要定义一个空的 Q 矩阵。Q 矩阵中的一个元素代表某个给定的状态和动作下的 Q 值。走冰湖迷宫一共有 16 个状态和 4 个行动方向，所以 Q 矩阵的大小就是 16×4，这个 Q 矩阵就是 Q 表。决策时只需要查询 Q 表就可以得到动作，这里的 Q 表就相当于策略函数。使用 for 循环来反复进行游戏，收集数据，也就是完成前文提及的基本的代码逻辑的第 1 步的任务。收集数据的功能由 play_game 函数来负责，这个函数返回的 episode 就包含一轮游戏的所有数据。

随后遍历这一轮游戏收集到的数据，一轮游戏可能包含若干步的数据。通过内层的 for 循环来遍历每一步的数据，取出每一步的状态和动作，构成一个元组。visited 矩阵用来判断某个状态动作对有没有出现过，如果在本轮游戏中，某个状态动作对是第一次出现，我们就汇总数据。汇总方法就是计算 G 值的方法，这里的 reward 表示出现这个状态动作对之后的所有回报。discount 是折现系数，折现是指时间越久远的 G 值价值相对越低。在某一轮游戏数据汇总后，我们会得到几个状态动作对的 G 值。因为我们会重复玩很多轮游戏，所以我们用字典 returns 将这些 G 值一并保存，然后用 returns 中保存的数据来更新 Q 表，也就是进行简单的平均值计算，得到每个状态动作对的平均回报。这样就完成了基本的代码逻辑的第 2 步的任务，也就完成了策略评估的过程。

Q 表现在已经填充了计算好的 Q 值，更新后的 Q 表可以用来构造一个策略函数，这就是第 3 步的任务，Q 值代表了各状态动作对的价值或最终通关成功率，只需要选择给定状态下的最大 Q 值对应的动作即可。这就是策略优化的过程，将开始的随机策略修正为更好的策略。

当实验进行了一定轮次后，可以用 test_game 来观察效果，这就是第 4 步的任务。

```
def monte_carlo(env, episodes=10000, test_policy_freq=1000):
    nS, nA = env.observation_space.n, env.action_space.n
    Q = np.zeros((nS, nA), dtype=np.float64)
    returns = {}
```

```
    for i in range(episodes):
        episode = play_game(env, Q) # 第1步
        visited = np.zeros((nS, nA), dtype=bool)

        for t, (state, action, _, _) in enumerate(episode):
            state_action = (state, action)
            if not visited[state][action]:
                visited[state][action] = True
                discount = np.array([0.9**i for i in range(len(episode[t:]))])
                reward = episode[t:, -1]
                G = np.sum( discount * reward)
                if returns.get(state_action):
                    returns[state_action].append(G)
                else:
                    returns[state_action] = [G]
                # 第2步
                Q[state][action] = sum(returns[state_action]) /len(returns[state_action])
        # 第3步
        pi = lambda s: {s:a for s, a in enumerate(np.argmax(Q, axis=1))}[s]

        if i % test_policy_freq == 0:
            print("Test episode {} Reaches goal {:.2f}%. ".format
                (i, test_game(env, pi)*100)) # 第4步
    return pi,Q
```

到此为止，代码核心部分已经完成得差不多了，我们来运行这个 monte_carlo 函数以观察效果。

```
env = gym.make('FrozenLake-v1')
policy_mc,Q = monte_carlo(env,episodes=20000)
```

可以看到，与“人脑智能”的策略相比，此时的策略在最终通关成功率上有不小的提升，达到了 23%。

```
print_policy(policy_mc,env)
print('Reaches goal {:.2f}%. '.format(
    test_game(env, policy_mc)*100))
```

```
Policy:
| 00       > | 01      ^ | 02      > | 03      ^ |
| 04       < |           | 06      > |           |
| 08       ^ | 09      > | 10      < |           |
|            | 13      v | 14      v |           |
Reaches goal 23.00%.
```

细心的读者应该会发现，当前的代码还未完成第 5 步的任务，也就是用优化后的策略来进行游戏并收集数据。目前优化后的策略只用来测试，而用来收集数据的策略仍然是随机策

略，策略评估和策略优化是相互促进的过程。收集数据也同样需要使用优化后的策略。所以需要修改 play_game 函数中的 select_action 函数的 mode 参数，修改后为 mode='both'。这样，优化后的策略也有机会用于真正的游戏交互，以收集更好的数据。这样实现的算法效果更稳定、更优秀。

```
Policy:
| 00      v | 01      ^ | 02      > | 03      ^ |
| 04      < |           | 06      < |           |
| 08      ^ | 09      v | 10      < |           |
|           | 13      > | 14      v |           |
Reaches goal 44.00%.
```

观察最终计算的策略，这个策略看起来相当谨慎，在位置 10，策略指示向左走，而并非直接向下走，避免了落入陷阱的可能。而且最后计算的最终通关成功率达到了 44%，比“人脑智能”策略下的最终通关成功率高出很多。

强化学习中的蒙特卡罗方法，其初始策略是一个随机策略，通过随机行走进行多轮冰湖迷宫游戏来收集数据，基于经验数据计算 Q 表，收集数据、计算 Q 表的过程就是策略评估。基于 Q 表来优化初始策略，就是策略优化。策略评估和策略优化的轮流迭代就是强化学习中的蒙特卡罗方法。

10.4　SARSA 算法

10.3 节介绍的蒙特卡罗方法的迭代是两大步骤——策略评估和策略优化轮流进行的。策略评估需要给定某个初始策略，评估它在环境中的效果，收集其相关数据。策略优化需要根据收集的数据来计算、更新 Q 表里的 Q 值，并更新策略，更新后的策略再用于策略评估。蒙特卡罗方法的一个缺点是需要等待，因为策略评估的核心步骤是计算、更新 Q 表，而这需要等到一轮游戏交互完成之后才能进行，然后才有后面的策略优化。这样会比较慢，而且一轮游戏的随机性很大，算法的波动性也很大，结果很不稳定。

想象我们有一套房子，我们需要估计这套房子的价格，一种思路就是对这套房子在未来期限内能收到的房租累计求和。因为货币购买力存在变化，所以还需要考虑折现系数。使用这种思路，我们需要等待很长时间，直到把房租都收齐。

当前估计的房价=折现系数×第 1 天收到的房租+折现系数×第 2 天收到的房租+…+折现系数×第 N 天收到的房租

另一种思路类似于递归，每天我们用一个算法来估计某一天的房价，第二天得到前一天收到的房租和第二天估计的房价。这 3 个数字之间应该存在一个约等于的关系。

当前估计的房价≈第一天收到的房租+折现系数×第二天估计的房价

类似地，当前的状态动作 Q 值，近似地等于产生的收益加上下一步的状态动作 Q 值。

当前 $Q(S,A)$=Reward+折现系数×下一步 $Q(S,A)$

其中 S 为状态，A 为动作。

所以我们可以得到 SARSA（state-action-reward-state-action，状态-动作-回报-状态-动作）算法的核心逻辑，它不需要等待一轮游戏交互完成，而是每一步交互完成后就进行迭代计算，Q 表的计算、更新可以更快、更稳定。

SARSA 算法可以用之前的 select_action 函数来实现，不过这里我们介绍一种新的思路，就是使用 choice 来实现。它基于 Q 值来选择动作，Q 值越大的动作越容易被选择，所以它混合了最优策略和随机策略。函数中的 Qvalue 值是给定的某个状态下所有动作对应的 Q 值，将它和最大值相减，目的是缩小值域，让后面的 exp 不会计算溢出。然后计算一个相对比率 probs，这个值类似于概率值，即某个状态下的动作对应的 Q 值越大，probs 越大，该动作越容易被选择。

```
def select_action(state, Q):
    Qvalue = Q[state]
    norm_Q = Qvalue - np.max(Qvalue)
    exp_Q = np.exp(norm_Q)
    probs = exp_Q / np.sum(exp_Q)
    return np.random.choice(len(Qvalue), p=probs)
```

下面来看核心代码部分。这里不需要 play_game，因为不需要运行整整一轮游戏，而是运行单步游戏，也就意味着调用 select_action 函数和 step 函数就够了。计算、更新 Q 表的关键部分是计算 target，它是根据上面的公式计算出的 Q 值的目标值。Q 表中的实际值和目标值不一样，实际值和目标值的差距称为误差，我们需要尽量减小这种误差，所以要让 Q 值基于误差修正，使 Q 值贴近目标值。此处的计算、更新公式用到了学习率，类似于第 8 章介绍的神经网络中的参数更新。

除了计算、更新 Q 表，函数后面部分也包括构建新的策略，并对新的策略进行评估，这部分代码和之前的没太大区别。

```
def sarsa(env,lr = 0.01,episodes=100, gamma=0.9,test_policy_freq=1000):
    nS, nA = env.observation_space.n, env.action_space.n
    Q = np.zeros((nS, nA), dtype=np.float64)

    for i in range(episodes):
        state, _ = env.reset()
        finished = False
        action = select_action(state, Q)
        while not finished:
```

```
            next_state, reward, finished, _, _ = env.step(action)
            next_action = select_action(state, Q)
            target = reward + gamma * Q[next_state][next_action] * (not finished)
            error = target - Q[state][action]
            Q[state][action] = Q[state][action] + lr * error
            state, action = next_state, next_action

        pi = lambda s: {s:a for s, a in enumerate(np.argmax(Q, axis=1))}[s]

        if i % test_policy_freq == 0:
            print("Test episode {} Reaches goal {:.2f}%. ".format
                (i, test_game(env, pi,)*100))

    return pi,Q
```

然后我们来实际地运行代码。

```
env = gym.make('FrozenLake-v1')
policy_sarsa,Q_sarsa = sarsa(env,lr=0.01,episodes=50000)
```

```
print_policy(policy_sarsa,env)
print('Reaches goal {:.2f}%. '.format(
      test_game(env, policy_sarsa)*100))
```

```
Policy:
| 00      < | 01      ^ | 02      < | 03      ^ |
| 04      < |           | 06      > |           |
| 08      ^ | 09      v | 10      < |           |
|           | 13      > | 14      v |           |
Reaches goal 78.00%.
```

可以看到 SARSA 算法使最终通关成功率达到了 78%，要远远超过 10.3 节介绍的蒙特卡罗方法的最终通关成功率。

10.5　Q-Learning 算法

Q-Learning 算法和 SARSA 算法非常相似，只是二者在计算目标值时的公式不一样。

$$当前\ Q(S,A)=Reward+折现系数\times\max(下一步\ Q(S,A))$$

公式右侧计算下一步 Q 值时使用了 max 函数。因为在策略评估过程中，我们使用的当前策略并不总是选到最优动作，有时会使用随机动作，所以为了让迭代更快，直接将给定状态下算出的所有动作对应的 Q 值取最大值，用最大值来代替下一步的 Q(S,A)。Q-Learning 算法会选择最优动作进行评估。

在具体的代码中，我们对 select_action 进行了优化，引入了 temp 参数。temp 参数的作用在于改变 probs 的相对大小。在同样的 Q 值分布下，temp 参数值越大，probs 的分布越平均，各 Q 值对应的动作被随机选中的概率差距不会很大，非最优动作也有不小的概率被选择。temp 参数值越小，probs 的分布越不平均，各 Q 值对应的动作被随机选中的概率差距会变大，非最优动作被选中的概率被压缩得很小，策略评估基本上只会选择最优动作。

```
def select_action(state, Q,temp):
    Qvalue = Q[state]
    scaled_Q = Qvalue / temp
    norm_Q = scaled_Q - np.max(scaled_Q)
    exp_Q = np.exp(norm_Q)
    probs = exp_Q / np.sum(exp_Q)
    return np.random.choice(len(Qvalue), p=probs)
```

再来看核心部分，也就是 q_learning 函数的代码。该函数的大部分代码和 SARSA 算法的代码差不多，只是该函数在计算 td_target 时，使用了 max 函数。

```
def q_learning(env,lr = 0.001,episodes=100, gamma=0.9,test_policy_freq=1000):
    nS, nA = env.observation_space.n, env.action_space.n
    Q = np.zeros((nS, nA), dtype=np.float64)
    temp_array = np.logspace(0,-2,num=episodes)
    for i in range(episodes):
        state, _ = env.reset()
        finished = False
        while not finished:
            action = select_action(state, Q,temp_array[i])
            next_state, reward, finished, _, _ = env.step(action)
            td_target = reward + gamma * Q[next_state].max() * (not finished)
            td_error = td_target - Q[state][action]
            Q[state][action] = Q[state][action] + lr * td_error
            state = next_state

        pi = lambda s: {s:a for s, a in enumerate(np.argmax(Q, axis=1))}[s]

        if i % test_policy_freq == 0:
            print("Test episode {} Reaches goal {:.2f}%. ".format
                (i, test_game(env, pi)*100))

    return pi,Q
```

调用 q_learning 函数，得到对应的策略函数和 Q 表。

```
env = gym.make('FrozenLake-v1')
policy_q_learning,Q_q_learning = q_learning(env,lr=0.01,episodes=50000)
```

输出得到的策略函数并测试其效果。

```
print_policy(policy_q_learning,env)
```

```
print('Reaches goal {:.2f}%. '.format(
    test_game(env, policy_q_learning)*100))
```

```
Policy:
| 00       < | 01       ^ | 02       > | 03       ^|
| 04       < |            | 06       < |           |
| 08       ^ | 09       v | 10       < |           |
|            | 13       > | 14       v |           |
Reaches goal 74.00%.
```

从测试效果可以看到，Q-Learning 和 SARSA 的效果差不多，它们都是利用单步迭代来修正 Q 表的，速度和稳定性都比蒙特卡罗的要好。Q-Learning 和 SARSA 的区别在于，在策略评估时，SARSA 用的是策略函数生成的策略，而 Q-Learning 用的是策略函数所生成的策略的最大值，策略评估会更快地收敛到最优策略上。

我们用图 10-3 所示的流程来总结 Q-Learning 的训练流程。Q-Learning 的核心是学习一个优秀的策略函数，其表现形式是 Q 表。将当前状态输入 Q 表，得到当前状态动作价值，并选择合适的动作和环境交互。环境产生回报的同时，转换到下一个状态，然后将下一个状态再输入 Q 表，计算得到下一个状态动作价值的最大值。根据公式算出目标值，目标值应该和当前状态动作对的价值一致，如果不一致，就计算误差，再更新、修正 Q 表。

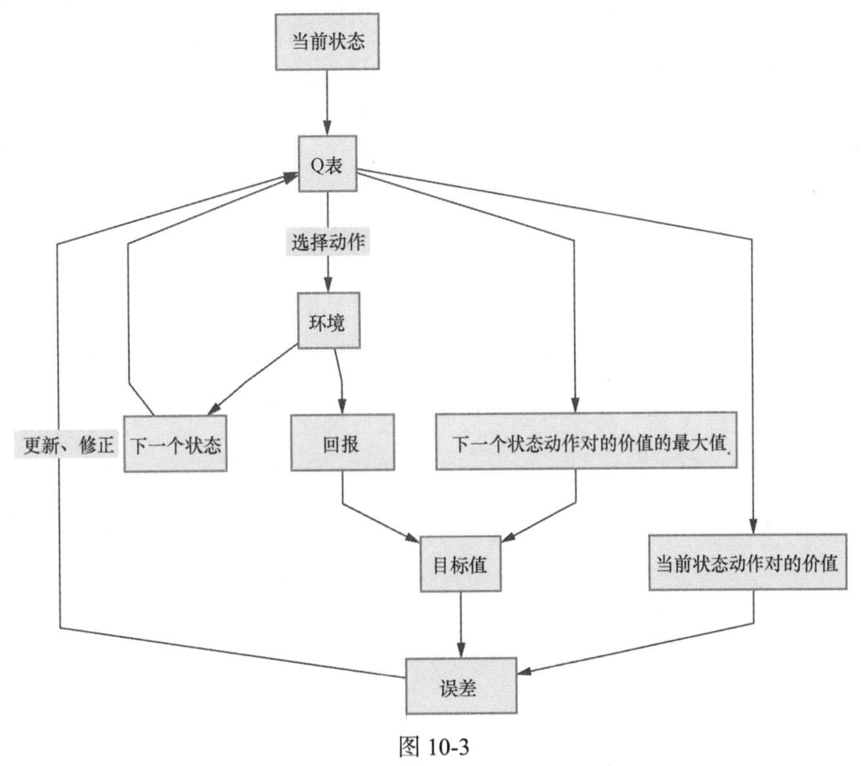

图 10-3

10.6 本章小结

本章主要介绍了如何通过强化学习算法来玩冰湖迷宫游戏。强化学习算法的应用场景是主体和环境有交互的场景。主体在环境中进行动作，环境对这些动作给予延时反馈，例如回报和状态信息，主体再基于这些反馈进行下一步动作。主体需要找到一个最优策略和环境交互，最优策略意味着每轮游戏都尽可能拿到最大的回报。强化学习算法要解决的就是如何找到这个最优策略。

和神经网络类似，强化学习算法的基本思想仍然是试错和修正。因为没有直接针对某个动作的标签反馈，所以我们计算 Q 值来作为动作的标签。Q 值的计算非常关键，意味着某个给定的状态下各动作的长期价值。计算 Q 值有 3 种方法：第一种是蒙特卡罗方法，它用一整轮游戏交互的真实结果来计算 Q 值；第二种是 SARSA 算法，它用单步交互和迭代递归的方法来计算 Q 值；第三种是 Q-Learning 算法，它和 SARSA 算法非常像，区别只在于它在目标值计算上使用了最优的计算值，有更快的收敛速度。

本章介绍的 Q 值都以矩阵的形式保存，也就是 Q 表。将状态值输入 Q 表，可以得到最大值对应的动作。Q 表就是一个策略函数。细心的读者应该可以联想到，神经网络也是一种函数，如果用神经网络来代替 Q 表，让神经网络处理状态输入，计算得到动作输出，是不是更好呢？这其实就是深度强化学习，它把神经网络和 Q-Learning 进行了完美的结合。我们会在第 11 章介绍深度强化学习及其经典算法 DQN。

第 11 章　深度强化学习算法 DQN

在第 10 章我们介绍了强化学习算法，其核心思想是要找到一个最优策略来和环境交互，最优策略意味着每轮游戏都要尽可能拿到最大的回报。之前的例子中，策略函数以矩阵的形式保存，也就是 Q 表。神经网络也是一种函数，本章将介绍如何使用神经网络来代替 Q 表，让神经网络处理状态输入，计算得到动作输出，这实际就是深度强化学习的经典算法 DQN。但是直接把神经网络和强化学习算法进行结合会遇到一些问题，本章会介绍如何解决这些问题。

11.1　什么是深度强化学习

我们再来回顾强化学习的几个概念。

- 主体：进行试错、学习的主体，在冰湖迷宫游戏中就是走迷宫的机器人。
- 环境：对主体的动作进行反馈的部分，在冰湖迷宫游戏中就是迷宫本身。
- 动作：主体的选择有哪些，在冰湖迷宫中游戏就是选择向上、向下、向左或向右行进。
- 状态：反映主体的一系列状况，在冰湖迷宫游戏中某一时间的状态就是主体所处的位置坐标。
- 策略：主体的应对方案，是从输入状态到输出动作的一个函数，在冰湖迷宫游戏中就是 Q 表，它的输入是位置坐标，输出是 4 个方向动作。这个 Q 表需要从主体和环境的交互中学习得到。
- 回报：主体在环境中进行了某些动作之后得到的奖惩，在冰湖迷宫游戏中，如果到达右下角的出口可以获得回报 1，其他情况下的回报都是 0。

通俗地形容强化学习就是“吃一堑，长一智”。主体刚处于环境中时是一无所知的，它通过不断地在环境中探索，从而得到反馈，然后根据反馈来反思自己之前的动作，以修正自己的策略。在第 10 章的例子中，主体用 Q 表的方式来保存策略，这很简单、方便，但是也有一些呆板，给人死记硬背的感觉。

我们来看一个日常生活中的例子。当气温升高时，我们需要减少身上的衣物；当气温降低时，我们需要增加身上的衣物，这是一个简单的生活策略。状态是气温，动作是增加或减少身上的衣物。如果用 Q 表来完成这个生活策略，那么我们可能要保存很多个状态和动作，但实际上我们的大脑中可能只有几个关键的状态和动作，例如气温 30℃以上就只穿短袖、10℃以下就要穿羽绒服。人脑的策略更像一个数学函数，这个函数可以更好地反映状态和动作之间的关系。

回想一下第 8 章的内容，神经网络可以拟合任何函数，所以也可以用于解决强化学习问题。当我们用一个神经网络来表示策略函数，并用强化学习思想来学习策略时，这个过程就成为深度强化学习了。想一想神经网络是如何训练的。神经网络中的结构是事先给定的，网络参数是随机赋初始值的。它需要通过外界的输入计算出预测值，然后在预测值和目标值之间计算损失，最后使用最优化方法调整网络参数，使得损失最小。神经网络的训练流程请参考第 8 章的图 8-5。

如果把神经网络用于强化学习的策略函数，我们自然想到用它来代替原来的 Q 表。神经网络的输入就是每个动作的状态，那么其目标应该是什么呢？自然想到可以用 Q-Learning 中的目标。图 11-1 所示为神经网络结合强化学习后的整体训练流程，神经网络会接收当前状态和下一个状态两种信息输入，计算对应的两种价值，即当前状态动作对的价值和下一个状态动作对的价值的最大值，并据此选择动作和环境交互产生回报。根据第 10 章中介绍的公式计算出目标值和损失，再用梯度下降算法来更新、修正神经网络。因为用了神经网络来代替 Q-Learning 中的 Q 表，所以该算法就称为 DQN（deep Q-network）。

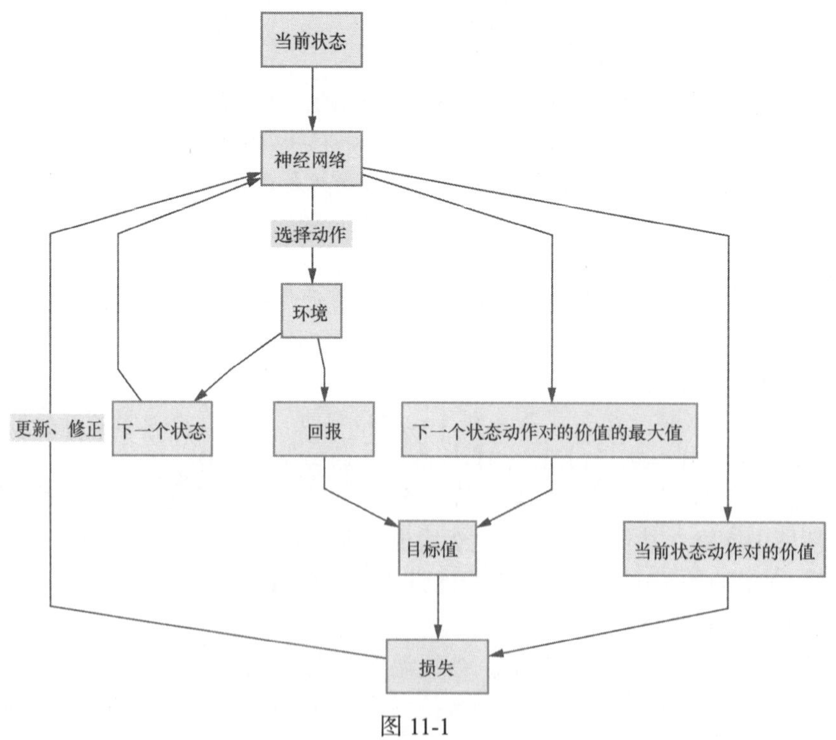

图 11-1

11.2　用 DQN 解决冰湖迷宫问题

下面我们介绍冰湖迷宫问题是如何与神经网络结合的。

首先我们需要将状态进行一些处理。状态（在本例中为位置）是一种离散的整数变量，在表格中可以用第一行和第二行分别保存 Q 值，但是它并不适合直接输入神经网络中。这是为什么呢？就好像在一所学校中有若干班级，1 班和 5 班中的数字只是表示班级名称的数字，并不意味着 5 班大于 1 班，所以要将它转换成独热编码，方便后续处理。独热编码的思路：将 1 班编码为向量[1,0,0,0,0]，该向量在第 1 个位置上取 1，在其他位置上取 0；同理将 5 班编码为向量[0,0,0,0,1]。

下面我们编写 one_hot 函数来实现这个功能。

```
def one_hot(x,size):
    result = np.zeros(size)
    result[x] = 1
    return result
```

我们在第 8 章中使用了 PyTorch 模块来处理神经网络的训练，因此，这里所有需要处理的数据均需转换成 PyTorch 的格式，也就是 tensor 格式。在 conv2tensor 函数中，先将输入参数转换成独热编码，再使用 from_numpy 函数转换成 tensor 格式。

```
def conv2tensor(x):
    x = one_hot(x,16)
    x = torch.from_numpy(x).float()
    return x
```

和强化学习的思路类似，我们需要一个动作选择函数，get_action 函数的功能是探索环境和利用环境。get_action 函数有两个参数，其中一个是 q_value，它是神经网络输出的 Q 值。因为 q-value 是神经网络的输出值，所以它带有梯度信息，而在这里使用这个参数时是不需要它带梯度信息的，因此使用 detach 函数来去除梯度信息，再将这个参数转换成 NumPy 的格式，最后用 squeeze 函数删除多余的维度。这种连续调用函数的方式称为链式调用。另一个参数是 n_game，它表示当前进行的游戏轮次。在游戏前期，我们需要进行更多的探索来获取信息，在游戏后期则需要进行更多的利用，所以我们需要根据游戏轮次来调整 n_game 和 epsilon 的比例。在游戏前期，n_game 较小，epsilon 会比较大，随机值小于 epsilon 的概率比较大，final_move 会更多地从随机数中产生。在游戏后期，n_game 较大，final_move 会基于最大值来选择动作。

```
def get_action(q_value, n_game):
    q_value_np = q_value.clone().detach().numpy().squeeze()
    epsilon = 2000 - n_game
```

```
    if random.randint(0, 2000) < epsilon:
        prob = np.exp(q_value_np)/np.exp(q_value_np).sum()
        final_move = np.random.choice(len(prob), p=prob)
    else:
        final_move = q_value_np.argmax()
    return final_move
```

下面来看最重要的函数之一：Simple_DQN 函数，它负责和环境交互，并训练一个神经网络。这个函数的输入参数比较多，包括交互环境 evn、学习率 lr、游戏迭代的次数 episodes、单次游戏中的最大步数 max_step、折现系数 gamma、用于策略验证的频率 test_policy_freq。

函数首先会获得环境的两个属性值，分别是状态空间的大小和动作空间的大小，并根据这两个属性值定义一个线性模型 model。这个线性模型 model 中的权重参数是随机产生的，需要通过强化学习收敛到正确的参数。另外，需要定义好模型的损失函数和最优化器，并定义一个空列表用于存放结果。

```
def Simple_DQN(env,lr = 0.001,episodes=100, max_step =100,gamma=0.9,test_policy_freq=100):
    nS, nA = env.observation_space.n, env.action_space.n
    model = Linear(nS, nA)
    loss_fn = torch.nn.MSELoss()
    optimizer = torch.optim.Adam(model.parameters(), lr=lr)
    results = []
```

之后进行多轮游戏循环，在每一次的外层 for 循环中都会重置环境开始新一轮游戏，将初始状态转换成需要的格式，然后进入内层的 while 循环，内层的 while 循环内会对一轮游戏的每一步进行计算。内层循环中会先根据初始状态计算 q_value，然后基于 get_action 来选择某个动作，再将得到的动作输入环境中和环境交互，得到新的状态和回报等信息。和第 10 章介绍的 Q-Learning 算法思路一致，我们需要用一步之后的 Q 值来倒推计算出目标值，所以此处将 next_state 再次输入模型得到一步之后的 Q 值，求最大值后折现再加上回报计算出目标值。将这个目标值当作标签值，使用 q_value 和目标值计算损失，再用 torch 的自动计算梯度功能来调整神经网络的权重参数，让损失变小。这几步就是代码核心的步骤。

```
    for i in range(episodes):
        state, _ = env.reset()
        state = conv2tensor(state,nS)
        finished = False
        step = 0
        while not finished :
            q_value = model(state)

            # 选择动作并与环境交互
            action = get_action(q_value,n_game=i)
            next_state, reward, finished, _, _ = env.step(action)
            next_state = conv2tensor(next_state,nS)
```

```
            # 计算目标值
            target = q_value.clone().detach()
            q_value_next = model(next_state).detach().numpy().squeeze()
            td_target = reward + gamma * q_value_next.max() * (not finished)
            target[action] = td_target

            optimizer.zero_grad()
            td_error = loss_fn(q_value,target)
            td_error.backward()
            optimizer.step()
            state = next_state
            step += 1
            if step >= max_step:
                break
```

当 finished 条件满足时，说明一轮游戏已经完成，将保存回报。如果游戏经过了 100 轮，我们会计算过去的 100 轮游戏里，有多少轮游戏的回报是非 0 的，从而验证模型的效果。

```
        if finished:
            results.append(reward)

        if (i>0) and (i % test_policy_freq == 0):
            results_array = np.array(results)
            print("Running episode {} Reaches goal {:.2f}%. ".format(
                i,
                results_array[-100:].mean()*100))

    return
```

下面运行这个函数来查看效果。

```
env = gym.make('FrozenLake-v1')
Simple_DQN(env,lr = 0.001,episodes=10000, max_step =
        100,gamma=0.9,test_policy_freq=200)
```

```
Running episode 200 Reaches goal 0.00%.
Running episode 400 Reaches goal 1.00%.
Running episode 600 Reaches goal 5.00%.
Running episode 800 Reaches goal 2.00%.
Running episode 1000 Reaches goal 2.00%.
Running episode 1200 Reaches goal 8.00%.
Running episode 1400 Reaches goal 7.00%.
Running episode 1600 Reaches goal 12.00%.
```

```
Running episode 1800 Reaches goal 20.00%.
Running episode 2000 Reaches goal 38.00%.
Running episode 2200 Reaches goal 64.00%.
```

对于简单的迷宫环境，该简单版本的 DQN 算法表现得不错，最终通关成功率可以超过 60%，和第 10 章介绍的 Q-Learning 算法的最终通关成功率差不多。我们可以尝试更复杂的迷宫环境，将迷宫的大小由 4×4 换成 8×8，看看 DQN 算法的表现如何。

```
env = gym.make('FrozenLake-v1',map_name="8x8")
Simple_DQN(env,lr = 0.001,episodes=10000, max_step =100,gamma=0.9,test_policy_freq=200)
```

结果你会发现表现并不好，有些时候最终通关成功率一直在 0 附近徘徊。其原因在于训练方式，该神经网络一次只学习了一条数据，随后就将其丢弃不再使用，这种训练方式在强化学习环境中产生的效果并不稳定。我们可以想一些办法来优化这个简单版本的 DQN。

11.3 DQN 的完整结构和优化

下面介绍如何对上文介绍的简单版本的 DQN 进行优化。首先我们将使用类的方式来构造 DQN 的完整结构，即构造一个 Linear_QNet 类，这个类继承了 PyTorch 的 Module 类。我们只需要写两个类方法——一个是初始化方法，另一个是前向方法。

```
class Linear_QNet(nn.Module):
    def __init__(self, input_size, output_size):
        super().__init__()
        self.linear = nn.Linear(input_size,output_size)

    def forward(self, x):
        x = self.linear(x)
        return x
```

在初始化方法中，我们定义了 linear 函数，然后在前向方法中用 linear 函数计算输出值。

之后我们定义一个 QTrainer 类，负责模型的与训练相关的任务。初始化方法中定义了折现系数 gamma，同时通过输入维度 input_dim 和输出维度 output_dim 定义了模型对象 model，另外还定义了最优化器和损失函数。注意，在初始化函数中，我们还定义了另一个模型 target_model，它将作为 model 的一个复制体，这么做的具体好处我们会在后文中讲解。

```
class QTrainer:
    def __init__(self, lr, gamma,input_dim, output_dim):
        self.gamma = gamma
        self.model = Linear_QNet(input_dim, output_dim)
```

```
        self.target_model = Linear_QNet(input_dim, output_dim)
        self.optimizer = optim.Adam(self.model.parameters(), lr=lr)
        self.criterion = nn.SmoothL1Loss()
        self.copy_model()
```

target_model 是 model 的复制体，所以需要将 model 的所有权重参数完整复制给 target_model，让它们的权重参数一模一样。

```
    def copy_model(self):
        self.target_model.load_state_dict(self.model.state_dict())
```

接下来介绍一个非常重要的函数，即训练函数 train_step，它负责将所有输入信息转换成 torch 的 tensor 格式，然后进行算法的训练。Q_value 是模型对于当前状态下选择的某个动作计算的 Q 值，Q_value_next 是下一个状态下最有利的动作对应的 Q 值。需要注意的是，这里计算 Q_value_next 时使用了 target_model，其原因在于原有的损失函数的两个元素中都有模型计算的变量，每一步模型都会变化，而目标也会变化，这有一些类似于小狗追着自己的尾巴跑，容易出现不稳定的情况。此外，用复制体来计算会让一定时间内的训练较为稳定。之后的目标计算则和之前的逻辑一致，将回报加上折现后的下一步 Q 值。读者可以基于之前的代码和流程进行理解。

```
    def train_step(self, state, action, reward, next_state, done):
        state = torch.tensor(state, dtype=torch.float)
        next_state = torch.tensor(next_state, dtype=torch.float)
        action = torch.tensor(action, dtype=torch.long)
        action = torch.unsqueeze(action, -1)
        reward = torch.tensor(reward, dtype=torch.float)
        done = torch.tensor(done, dtype=torch.long)

        Q_value = self.model(state).gather(-1, action).squeeze()
        Q_value_next = self.target_model(next_state).detach().max(-1)[0]
        target = (reward + self.gamma * Q_value_next * (1 - done)).squeeze()
        self.optimizer.zero_grad()
        loss = self.criterion(Q_value,target)
        loss.backward()
        self.optimizer.step()
```

接下来，我们定义一个 Agent 类，它会定义强化学习中主体的功能。在初始化方法中，我们定义了几个常见参数，其中 max_explore 表示需要探索的轮数，memory 是一个队列，用于保存过去的经验。因为 11.2 节中简单版本的 DQN 有一个缺点，就是拿到数据就训练，而丢弃了过去的经验。所以，这里将过去的经验保存，就像人类具有记忆一样，这样可以让训练效果更稳定。在初始化方法的最后，将前面介绍的 QTrainer 实例化。

```
class Agent:
    def __init__(self,env,max_explore=1000, gamma = 0.9, max_memory=5000, lr=0.001):
        self.max_explore = max_explore
        self.memory = deque(maxlen=max_memory)
        self.nS = env.observation_space.n
        self.nA = env.action_space.n
        self.step = 0
        self.n_game=0
        self.trainer = QTrainer(lr, gamma, self.nS, self.nA)
```

在 Agent 类中，还要编写 remember 方法，用于保存交互的信息。train_long_memory 则用于从过去的经验中进行数据抽样，然后用 trainer 中的训练函数进行训练。

```
    def remember(self, state, action, reward, next_state, done):
        self.memory.append((state, action, reward, next_state, done))

    def train_long_memory(self,batch_size):
        if len(self.memory) > batch_size:
            mini_sample = random.sample(self.memory, batch_size) # 元组
        else:
            mini_sample = self.memory
        states, actions, rewards, next_states, dones = zip(*mini_sample)
        states = np.array(states)
        next_states = np.array(next_states)
        self.trainer.train_step(states, actions, rewards, next_states, dones)
```

这里的 get_action 方法和 11.2 节的 get_action 函数功能一致，都用于探索环境和利用环境。

```
    def get_action(self, state, n_game, explore=True):
        state = torch.tensor(state, dtype=torch.float)
        prediction = self.trainer.model(state).detach().numpy().squeeze()
        epsilon = self.max_explore - n_game
        if explore and random.randint(0, self.max_explore) < epsilon:
            prob = np.exp(prediction)/np.exp(prediction).sum()
            final_move = np.random.choice(len(prob), p=prob)
        else:
            final_move = prediction.argmax()
        return final_move
```

然后我们在 Agent 类中加入一个用于独热编码转换的函数，因为它不涉及类中的数据，所以把它修饰成一个静态方法。

```
    @staticmethod
    def one_hot(x,size):
        result = np.zeros(size)
        result[x] = 1
        return result
```

最后我们编写一个函数，该函数调用 Agent 和环境相关的代码，让 Agent 和环境进行交互。和 11.2 节的代码的区别在于，这里没有用两层循环，而是只用一层 while 循环，每次循环都是某轮游戏中的某一步。每一步中 Agent 和环境交互，产生新的状态，这些交互信息会被 remember 记录，train_long_memory 则用于训练。

```
def train(env, max_game=5000, max_step=100):
    nS = env.observation_space.n
    agent = Agent(env, max_explore=2000, gamma = 0.9, max_memory=50000, lr=0.001)
    results = []
    state_new, _ = env.reset()
    state_new = Agent.one_hot(state_new,nS)
    done = False
    total_step = 0
    while agent.n_game <= max_game:
        state_old = state_new
        action = agent.get_action(state_old,agent.n_game,explore=True)
        state_new, reward, done, _, _ = env.step(action)
        state_new = Agent.one_hot(state_new,nS)
        agent.remember(state_old, action, reward, state_new, done)
        agent.train_long_memory(batch_size=256)
        agent.step += 1
        total_step += 1
```

在 while 循环中，如果游戏进行了 10 步，我们就将模型参数复制给分身模型。如果某轮游戏结束或游戏步数超过 max_step，就将回报记录下来，并重置游戏环境。最后那部分的代码用于计算最近 100 轮游戏的最终通关成功率。

```
        if total_step % 10 == 0:
            agent.trainer.copy_model()

        if done or agent.step>max_step:
            results.append(reward>0)
            state_new, _ = env.reset()
            state_new = Agent.one_hot(state_new,nS)
            agent.step = 0
            agent.n_game += 1

            if (agent.n_game>0) and (agent.n_game % 100 ==0):
                print("Running episode {}, step {} Reaches goal {:.2f}%. ".format(
                    agent.n_game, total_step,np.sum(results[-100:])))
```

接下来运行上面的函数代码。

```
env = gym.make('FrozenLake-v1',map_name="8×8")
train(env, 5000)
```

可以看到效果还不错，最终通关成功率能达到 30%左右。

```
Running episode 100, step 2953 Reaches goal 0.00%.
Running episode 200, step 6285 Reaches goal 0.00%.
Running episode 300, step 9401 Reaches goal 1.00%.
Running episode 400, step 12646 Reaches goal 1.00%.
Running episode 500, step 16262 Reaches goal 1.00%.
Running episode 600, step 19583 Reaches goal 2.00%.
Running episode 700, step 23532 Reaches goal 2.00%.
Running episode 800, step 27180 Reaches goal 1.00%.
Running episode 900, step 30931 Reaches goal 3.00%.
Running episode 1000, step 34597 Reaches goal 2.00%.
Running episode 1100, step 38435 Reaches goal 2.00%.
Running episode 1200, step 42254 Reaches goal 2.00%.
Running episode 1300, step 46513 Reaches goal 10.00%.
Running episode 1400, step 50562 Reaches goal 1.00%.
Running episode 1500, step 55466 Reaches goal 6.00%.
Running episode 1600, step 59880 Reaches goal 13.00%.
Running episode 1700, step 64269 Reaches goal 13.00%.
Running episode 1800, step 68950 Reaches goal 18.00%.
Running episode 1900, step 74121 Reaches goal 27.00%.
Running episode 2000, step 78896 Reaches goal 32.00%.
Running episode 2100, step 83524 Reaches goal 35.00%.
Running episode 2200, step 88514 Reaches goal 29.00%
```

11.4 本章小结

本章介绍的 DQN 的基本思想和第 10 章的 Q-Learning 的一致，只不过 DQN 用神经网络来代替 Q-Learning 中的 Q 表，让神经网络处理状态输入，计算动作输出，这样就把神经网络和 Q-Learning 进行了完美的结合。神经网络相对于 Q 表的好处在于泛化性能更好，可以应对较复杂的环境。

本章使用简单版本的 DQN 来解决冰湖迷宫问题，由于神经网络依赖 PyTorch 模块的数据格式，所以会有一些格式转换的代码。我们也发现，在较复杂的环境中使用 DQN 会遇到训练效果不稳定的情况，所以我们对简单版本的 DQN 进行优化，介绍了完整版本 DQN 的训练方法。该方法主要增加了记忆功能和复制体，它们一起增强了针对较复杂的环境的 DQN 训练效果稳定性。

我们将在第 13 章讲解使用 DQN 来玩贪吃蛇游戏，让神经网络驱动贪吃蛇寻找果实。不过在那之前，我们还需要学习一种人工智能算法——遗传算法。

第 12 章　遗传算法

我们已经介绍了 3 种人工智能算法，分别是人工神经网络、蒙特卡罗方法、强化学习。在本章我们将学习第 4 种人工智能算法，也就是遗传算法。遗传算法通过模拟自然界的运行规律，以解决最优化问题。在第 8 章中我们用梯度下降算法来解决最优化问题，本章将尝试用遗传算法来解决同样的问题，并且用遗传算法来训练神经网络。

12.1　什么是遗传算法

遗传算法的问世受到自然界运行规律的启发。如果一个生物种群要在自然界生存，它必须将优秀的基因遗传给下一代。以长颈鹿种群为例，因为自然竞争，低处的植物被很多其他种类的动物吃了，为了生存，它们需要越来越高，否则无法吃到高处的植物。长颈鹿的下一代的身高不会都足以让它们吃到高处的植物，那么身高不足的下一代自然容易夭折，身高足够的下一代自然容易存活，并遗传它们的身高基因给它们的下一代。

为了后续编程和理解方便，我们需要定义如下相关的术语。

- 种群：在自然界中是在一定空间范围内同时生活着的同种生物的所有个体，在算法中是一组可能的解。
- 个体：在自然界中是单个生物，在算法中是一个解。
- 杂交：在自然界中是一种产生后代的过程，目的是让两个各有优势的基因能组合到一起，在算法中是将两个解进行组合，组合的方式依赖问题的变化而变化。
- 变异：在自然界中是某个下一代的生物基因特征产生突变，在算法中是对某个解进行随机变化。
- 适应度：在自然界中是生物个体或种群对环境的适应程度，在算法中是对解的优秀程度的判断。
- 父代和子代：在自然界中是生物体繁殖过程中上一代和下一代的代际关系，在算法中是前一次迭代和后一次迭代的两组不同的解。

使用遗传算法解决问题一般会有如下步骤。

- 对解空间进行编码，也就是将某个问题可能的解的形式编写成遗传算法兼容的形式。

- 生成一组解的集合，这是基于随机方法生成一组初始的解，也称为初始种群。
- 计算初始种群的适应度。适应度是一种量化指标，用来判断某个解的优秀程度，类似于个体或种群对环境的适应程度。
- 选择能进行繁衍的个体。算法根据适应度来选择优秀的个体，然后将其作为繁衍后代的候选者。
- 根据选出来的个体进行后代繁衍，这些个体繁衍出的后代，往往是父代基因交叉的结果，包含一定程度的变异。
- 后代繁衍出来后，种群规模膨胀，需要选择哪些个体能存活到繁衍下一代。新的下一代种群将成为下一次繁衍的父代。

12.2 用遗传算法解决最优化问题

从自然界的运行规律出发，我们可以将二次函数图像想象成自然界，只有在低处生活的动物才有足够的水喝，才能够生存。假设一开始有一群动物随机分散在二次函数图像对应的一座山谷，生活在不同高度的动物得到的水资源不同，越低处水资源越丰富，动物的存活得越好。生活在低处的动物因为容易存活而留下它们的基因，生活在低处的动物的下一代更容易倾向往低处走，从而找到山的最低点。

为了方便读者理解，我们在此描述相关的术语在二次函数中的含义。

- 种群：在二次函数中是一组可能的解。
- 杂交：在二次函数中是对两个解进行加权求和。
- 变异：在二次函数中是对某个解进行随机加、减。
- 适应度：在二次函数中是解对应的 y 轴值，我们希望找到最低点，所以 y 轴值越小越好。

首先我们初始化种群，产生最初的一代，其中包括 10 个个体，也就是 10 个可能的解，它们分散在 x 轴值为-2 到+2 区间内。二次函数图像如图 12-1 所示。

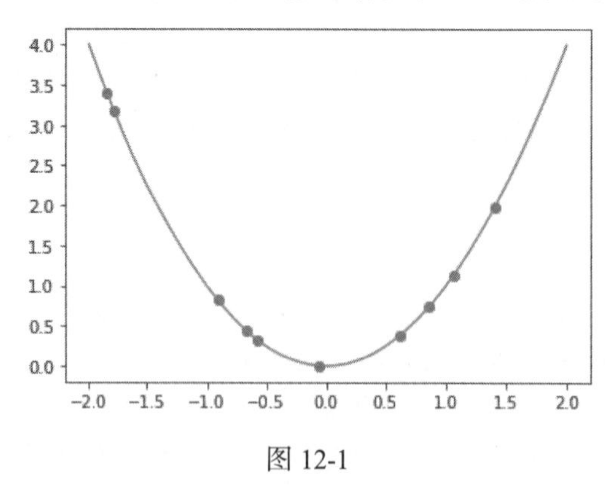

图 12-1

```
def init_pop(size):
    pop = np.random.uniform(low=-2,high=2,size=size)
    return pop

pop = init_pop(10)
```

下面我们定义适应度，用于判断个体或种群对环境的适应程度。因为我们希望找到最低点，所以用二次函数的负数形式来表示适应度。此外，将 x 轴值在[-2,+2]以外的 y 轴值为比较大的负数，以表示适应度很低。

```
def fitness(x):
    if (x>2 or x<-2):
        return -100
    else:
        return -x**2
```

利用前面的函数计算出整体种群的平均适应度和最大适应度。

```
def fitness_pop(pop):
    pop_fit = np.array([fitness(x) for x in pop])
    avg_fit = pop_fit.mean()
    max_fit = pop_fit.max()
    return avg_fit,max_fit
```

适应度较高的优秀个体更容易存活，并产生下一代。为了体现这一点，我们将适应度转换为选择概率，以便后续抽样时使用这个概率。

```
def fitness_prob(pop):
    return np.exp([fitness(x) for x in pop])/np.sum(np.exp([fitness(x) for x in pop]))

fitness_prob(pop)
```

随后我们定义交叉函数和变异函数。

交叉函数体现了两个个体杂交的思想，具体计算是将两个解进行加权求和。

```
def crossover(p1,p2):
    weight = np.random.rand()
    p1_sub = p1*weight
    p2_sub = p2*(1-weight)
    children = p1_sub+p2_sub
    return children
```

变异函数体现了个体变异的思想，具体计算是对某个解进行随机的加、减，相当于对局部范围进行随机的搜索。

```
def mutate(p):
    step = np.random.randn()*0.1
```

```
    children = p+step
    return children
```

下面我们再定义两个算法参数，其中 mut_rate 是变异率，也就是在整个种群中，下一代有多少比例的个体会产生变异。同时定义一个表示种群大小的变量，命名为 children_size。

```
mut_rate = 0.1
children_size = len(pop)
```

接下来定义繁衍函数，它负责根据父代种群来产生下一代种群，也称为子代种群。在这个函数中，首先计算种群中个体的适应度，再基于适应度来选择两个个体，用这两个个体进行杂交，以产生下一代。适应度高的优秀个体会有更大概率被抽中，从而产生下一代。循环的次数用于控制产生下一代的数量。

```
def reproduce(pop_parent,children_size):
    next_generation = []
    prob = fitness_prob(pop_parent)
    for _ in range(children_size):
        p1, p2 = np.random.choice(len(pop),size=2, replace=False,p=prob)
        next_generation.append(crossover(pop_parent[p1], pop_parent[p2]))
    return np.array(next_generation)
```

接着定义种群变异函数。变异并不意味着一定会变好，它主要起到探索可能性的作用，所以我们并不需要所有个体都参与变异。先计算出需要参与变异的个体数量，再随机选择待变异的个体编号，最后使用循环来对这些个体进行变异操作。

```
def pop_mutate(pop,mut_rate):
    mut_num = int(mut_rate*len(pop))
    mut_index = np.random.choice(len(pop), mut_num,replace=False)
    for i in mut_index:
        pop[i] = mutate(pop[i])
    return pop
```

接下来还需要定义一个选择函数用于将父代和子代进行合并操作，让某些优良基因遗传给下一代，其他的基因不遗传给下一代。这个函数将两个集合进行合并，再使用 choice 函数进行选择。该函数起到自然选择的作用。

```
def selector(pop_parent,pop_children):
    pop_group = np.concatenate([pop_children,pop_parent])
    prob = fitness_prob(pop_group)
    index = np.random.choice(len(pop_group),size = len(pop_parent),replace=False,p=prob)
    return pop_group[index]
```

下面介绍我们最终是如何使用这些函数的。首先产生初代种群，其中包括 10 个个体，然后计算其适应度。使用 while 循环进入种群进行繁衍：reproduce 函数将父代种群中优秀的个体进行杂交繁衍，以产生下一代；对其中的部分个体进行变异，选择出繁衍到下一代的种群 next_generation；计算下一代种群的适应度。最后将 next_generation 赋值成父代种群，进入新一轮繁衍。

```
pop_parent = init_pop(10)
avg_fit, max_fit = fitness_pop(pop_parent)

iter_num = 0
while iter_num < 10:
    next_generation = reproduce(pop_parent,children_size)
    next_generation = pop_mutate(next_generation,mut_rate)
    next_generation = selector(pop_parent,next_generation)
    avg_fit, max_fit = fitness_pop(next_generation)
    print("第{n}代种群的适应度：{x:.3f}。最优秀的适应度：{y:.3f}".format(n=iter_num, x=avg_fit,
    y=max_fit))
    iter_num = iter_num + 1
    pop_parent = next_generation
```

```
第 0 代种群的适应度：-0.402。最优秀的适应度：-0.000
第 1 代种群的适应度：-0.193。最优秀的适应度：-0.000
第 2 代种群的适应度：-0.063。最优秀的适应度：-0.006
第 3 代种群的适应度：-0.026。最优秀的适应度：-0.001
第 4 代种群的适应度：-0.019。最优秀的适应度：-0.001
第 5 代种群的适应度：-0.010。最优秀的适应度：-0.000
第 6 代种群的适应度：-0.023。最优秀的适应度：-0.000
第 7 代种群的适应度：-0.023。最优秀的适应度：-0.001
第 8 代种群的适应度：-0.009。最优秀的适应度：-0.000
第 9 代种群的适应度：-0.009。最优秀的适应度：-0.000
```

从结果可以看到，进行了 10 轮繁衍之后，种群的平均适应度已经接近 0，也就是种群中所有个体都已经到达山谷的最低点，如图 12-2 所示。

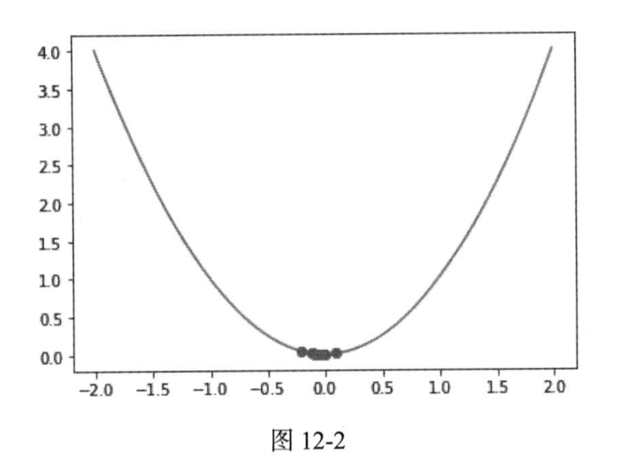

图 12-2

12.3 用遗传算法解决背包问题

12.2 节的问题比较简单，我们再介绍一个略有难度的问题，即经典的背包问题。假设有一个背包，其能承受的最大重量是 150kg。我们有 7 件物品可以选择是否放入背包中，这些物品的重量和价值分别如 weight 和 value 所示。

```
weight = np.array([35, 30, 60, 50, 40, 10, 25])
value = np.array([10, 40, 30, 50, 35, 40, 30])
```

我们要做的是选择一个物品集合，让这个物品集合的价值最大，但是其总重量不能超过背包能承受的最大重量。

背包问题是一个有约束的最优化问题。约束是背包能承受的最大重量，最优化目标是放入背包中的物品价值之和最大。我们依然可以使用遗传算法解决这个问题。首先还是产生初始种群。因为这里的问题与 12.2 节的问题有一些不一样，所以这里的解的形式也与 12.2 节的解的形式不一样，这里我们用一组 0 或 1 来表示个体或基因。

init_pop 函数包括两个参数，其中 pop_num 表示种群中的个体数量，pop_size 表示个体中数字 0 或 1 的个数，这一组数字的长度和物品集合有关。用这个函数产生 20 个个体，每个个体中的基因是一组数字，因为物品共有 7 个，所以这组数字的长度为 7。读者可以把这个基因看作一个有 7 个数字元素的列表或向量。

```
def init_pop(pop_num,pop_size):
    pop = []
    for _ in range(pop_num):
        pop.append(np.random.randint(0,2,pop_size))
    return np.array(pop)
pop = init_pop(20,7)
```

我们需要根据不同的问题定义不同的适应度函数。在本问题中，物品的价值越大越好，所以计算适应度要计算所选择物品的单位重量平均价值。但注意问题的约束，所以当总重量超过背包能承受的最大重量时，需要将适应度设置为一个很大的负值。

```
def fitness(select):
    result = np.sum(select*value/weight)
    sum_weight = np.sum(select*weight)
    if sum_weight > 150:
        result = -100
    return result

def fitness_pop(pop):
    pop_fit = np.array([fitness(x) for x in pop])
```

```
    avg_fit = pop_fit.mean()
    max_fit = pop_fit.max()
    return avg_fit,max_fit
```

基于适应度函数计算选择概率的函数，这和 12.2 节中的函数差别不大。

```
def fitness_prob(pop):
    return np.exp([fitness(x) for x in pop])/np.sum(np.exp([fitness(x) for x in pop]))
```

由于个体的表现形式是一组由 0 或 1 组成的数字，所以交叉函数和 12.2 节中的不一样，这里我们将两组数字进行随机拼接来产生新的解。在 crossover 函数中输入两个个体，随机选择一个拼接位置，将两个个体的基因截断并进行拼接。

```
def crossover(p1,p2):
    index = random.randint(1,len(p1))
    p1_sub = p1[:index]
    p2_sub = p2[index:]
    children = np.concatenate([p1_sub,p2_sub])
    return children
```

mutate 是个体变异函数，它可以将基因向量中某个数字随机转换成 0 或 1。

```
def mutate(select):
    index = np.random.choice(len(select), 1)
    if select[index] ==0:
        select[index]=1
    else:
        select[index]=0
    return select
```

整体的代码逻辑和 12.2 节的代码逻辑基本一致，仍然是首先产生初代种群，然后计算适应度。在循环中根据适应度来顺序调用 3 个函数进行操作。

```
pop_parent = init_pop(20,7)
avg_fit, max_fit = fitness_pop(pop_parent)

iter_num = 0
while iter_num < 20:

    next_generation = reproduce(pop_parent,children_size)
    next_generation = pop_mutate(next_generation,mut_rate)
    next_generation= selector(pop_parent,next_generation)
    avg_fit, max_fit = fitness_pop(next_generation)
    print("第{n}代种群的适应度：{x:.3f}。最优秀的适应度：{y:.3f}".format(n=iter_num,
    x=avg_fit,y=max_fit))
    iter_num = iter_num + 1
    pop_parent = next_generation
```

```
第 0 代种群的适应度：5.477。最优秀的适应度：7.533
第 1 代种群的适应度：6.134。最优秀的适应度：7.819
……
第 19 代种群的适应度：7.819。最优秀的适应度：7.819
```

我们可以根据遗传算法计算得到解，然后判断解的优秀程度。这个解对应的物品集合，其价值之和达到了 170。

```
def total_value_weight(pop):
    total_value = np.sum([s*value for s in pop],1)
    total_weight =np.sum([s*weight for s in pop],1)
    return total_value, total_weight

total_value_weight(pop_parent)
```

从上述两个例子可以看到，遗传算法可以用来解决不同类型的最优化问题。其基本逻辑是根据杂交和变异来解决问题，只是需要根据问题的不同编写不同的杂交/繁衍/交叉函数和变异函数。

12.4 用遗传算法训练神经网络

遗传算法可以用来解决最优化问题，自然也能用来训练神经网络。这里我们用第 8 章中的矩形面积的例子来介绍如何编写相关代码。

首先生成 100 个不同的矩形，X 表示将要输入神经网络的矩形边长，y 表示需要神经网络预测的矩形面积。

```
X = np.random.randint(1,10,[100,2])
y = X[:,0]*X[:,1]
y = y.reshape(100,1)
```

然后定义一些超参数，例如神经网络的输入层、隐藏层、输出层的节点个数，以及迭代次数 n_iter、种群中的个体数量 generation_size、变异比例 mutate_rate、神经网络参数总量 parameter_len。

```
input_size = 2
hidden_size = 50
output_size = 1
n_iter = 3000
generation_size = 20
mutate_rate = 0.2
```

```
parameter_len = (input_size+1)*hidden_size+(hidden_size+1)*output_size
criterion = nn.MSELoss()
```

我们需要找到表现最优秀的神经网络，所以种群的每个个体都是一个神经网络类，也就是 NeuralNet 类，它的定义和第 8 章中的定义类似，只不过这里的 NeuralNet 类中有两个新增函数。

这里的 NeuralNet 类继承的是 PyTorch 中的 Module 类，神经网络的权重参数可看作个体的基因。那么为了后续的交叉和变异计算，需要两个函数——get_weight 函数用于获取神经网络的权重参数，set_weight 函数用于设置神经网络的权重参数。

```
class NeuralNet(nn.Module):

    def __init__(self, input_size, hidden_size, output_size):
        super().__init__()
        self.linear1 = nn.Linear(input_size, hidden_size)
        self.linear2 = nn.Linear(hidden_size, output_size)

    def forward(self, x):
        x = F.relu(self.linear1(x))
        x = self.linear2(x)
        return x

    def get_weight(self):
        return deepcopy([self.linear1.weight.data,
        self.linear1.bias.data,
        self.linear2.weight.data,
        self.linear2.bias.data])

    def set_weight(self,weights):
        weights = deepcopy(weights)
        self.linear1.weight = nn.Parameter(weights[0])
        self.linear1.bias = nn.Parameter(weights[1])
        self.linear2.weight = nn.Parameter(weights[2])
        self.linear2.bias = nn.Parameter(weights[3])
```

init_pop 函数用于产生初代种群，该函数的代码很简单，就是基于 for 循环向 pop 列表中存放多个 NeuralNet 类。

```
def init_pop(size = generation_size):
    pop = []
    for _ in range(size):
        pop.append(NeuralNet(input_size, hidden_size, output_size))
    return pop
```

接下来定义适应度计算函数，一个神经网络是否适应环境显然要根据它的损失大小来确定。fitness 函数计算神经网络的预测值，再计算其和标签的损失，因为损失越小越好，而适应度越大越好，所以要把损失当作适应度进行倒数操作。

fitness_prob 是计算种群的适应度的函数，该函数用循环遍历所有的个体，计算个体适应度后，计算其相对值。这样就可以当作概率来使用。

```
def fitness(model,inputs, targets):
    outputs = model(inputs)
    loss = criterion(outputs, targets)
    output = 1/loss.item()
    return output

def fitness_prob(pop,inputs, targets):
    fitness_value = []
    for model in pop:
        fitness_value.append(fitness(model, inputs, targets))
    fitness_value = np.array(fitness_value)
    return fitness_value/np.sum(fitness_value)
```

get_pop_weights 函数用一个循环来获取种群中所有个体的参数。set_pop_weights 函数用来设置种群中所有个体的参数。

```
def get_pop_weights(pop):
    weights = []
    for model in pop:
        weights.append(model.get_weight())
    return weights

def set_pop_weights(pop, weights):
    for model, weight in zip(pop, weights):
        model.set_weight(weight)
    return pop
```

因为我们使用的神经网络有 3 层，共 4 组权重参数，其数据格式是 PyTorch 中的嵌套 tensor 格式，为了方便处理，我们定义两个辅助函数。list2tensor 函数用于将这 4 组权重参数进行拼接，形成一个长字符串的向量。tensor2list 函数则用于进行相反的操作，它将一个长字符串的向量，切分成 4 组权重参数。

```
def list2tensor(weights):
    return torch.concat([weights[0].flatten(),weights[1], weights[2].flatten(),weights[3]])

def tensor2list(weights):
    output_weights = []
    index = [input_size*hidden_size,
             input_size*hidden_size+hidden_size,
             input_size*hidden_size+hidden_size+hidden_size*output_size]
```

```
    output_weights.append(weights[:index[0]].reshape(hidden_size,input_size))
    output_weights.append(weights[index[0]:index[1]])
    output_weights.append(weights[index[1]:index[2]].reshape(output_size,hidden_size))
    output_weights.append(weights[index[2]:])
    return output_weights
```

cross_mutate 函数的核心功能就是处理交叉和变异。其输入参数是两个神经网络的权重参数及参数变异比例 rate。将这两个神经网络的权重参数进行处理后，变成长字符串的参数列表，并选择随机位置进行拼接。这里的拼接逻辑和背包问题中的思路是一致的。接下来让部分个体进入变异流程（不需要所有的个体都参与变异），将种群大小和变异参数相乘，就得到需要参与变异的个体数量。也就是当生成的随机数小于这个乘积时，个体才需要进入变异流程。从整体来看，该函数可以让大约 20%的个体进入变异流程。

本例的神经网络中包括数百个参数，具体数量可以参考 parameter_len 的大小。我们需要修改其中部分参数数值，所以通过一个 for 循环，为部分参数数值增加一个随机噪声。

```
def cross_mutate(weights_1, weights_2, rate):
    weights_1 = list2tensor(weights_1)
    weights_2 = list2tensor(weights_2)
    crossover_idx = random.randint(0, parameter_len-1)
    new_weights = torch.concat([weights_1[:crossover_idx],weights_2[crossover_idx:]])
    if random.randint(0,generation_size-1) <= generation_size*mutate_rate:
        mutate_num = int(rate*parameter_len)
        for _ in range(mutate_num):
            i = random.randint(0,parameter_len-1)
            new_weights[i] += torch.randn(1).numpy()
    output_weights = tensor2list(new_weights)
    return output_weights
```

然后将上面一些核心函数组装，构成繁衍函数 reproduce。它的输入参数是种群、数据输入和数据标签。它会构造一个空列表，然后计算种群适应度，对计算结果排序后选择两个最优秀的神经网络（个体），这两个个体直接产生下一代。这种方法称为精英方法，它是为了让优秀的个体直接保留，增加稳定性。剩下的席位，可以通过优选杂交来产生。个体被选择的概率和个体适应度有关。

```
def reproduce(pop, inputs, targets):
    next_generation = []
    weights = get_pop_weights(pop)
    prob = fitness_prob(pop,inputs, targets)
    second_index, first_index = list(np.argsort(prob)[-2:])
    next_generation.append(weights[first_index])
    next_generation.append(weights[second_index])
    for _ in range(generation_size-2):
        p1, p2 = np.random.choice(len(prob),size=2, replace=False,p=prob)
```

```
        next_generation.append(cross_mutate(weights[p1],weights[p2],rate=0.01))
    return next_generation
```

最后我们调用上述编写好的函数，初始化种群，产生 20 个神经网络。在迭代循环中，新一代的神经网络权重参数产生，对这些权重参数进行权重设置。每经过 100 次迭代，就观察一次损失函数值的大小，以判断模型的效果。

```
model_pop = init_pop()
inputs = torch.from_numpy(X).to(torch.float)
targets = torch.from_numpy(y).to(torch.long)

for epoch in range(n_iter):

    next_generation = reproduce(model_pop,inputs, targets)
    set_pop_weights(model_pop, next_generation)

    if (epoch>0 and epoch%100==0):
        with torch.no_grad():
            best_model = model_pop[0]
            outputs = best_model(inputs)
            loss = criterion(outputs, targets)
            print ('Epoch [{}/{}], Loss: {:.4f}'.format(epoch+1, n_iter, loss.item()))
```

```
Epoch [101/3000], Loss: 93.9174
Epoch [201/3000], Loss: 17.6046
……
Epoch [2801/3000], Loss: 0.4593
Epoch [2901/3000], Loss: 0.4478
```

可以看到损失函数的值能顺利减小，说明神经网络的训练是成功的。

我们也可以取出训练好的神经网络，让它计算一个矩形面积，并判断计算结果是否正确。

```
best_model = model_pop[0]
best_model(torch.Tensor([4,6]))
```

12.5 本章小结

本章我们介绍了遗传算法及其应用。遗传算法需要根据不同的实际问题灵活应用。遗传算法首先将问题的解转换成基因编码，然后将问题的目标转换成环境的适应度，然后考虑杂交/繁衍/交叉函数和变异函数的代码实现。

我们使用遗传算法解决了背包问题和训练神经网络的问题。读者可以尝试用遗传算法来处理第 8 章中的井字棋游戏的数据，看看是否可以得到与使用梯度下降算法相似的结果。

到本章为止，我们已经介绍了 4 种人工智能算法。接下来，我们会将这些算法应用到游戏环境中。我们将在第 13 章讲解如何将贪吃蛇游戏环境和深度强化学习进行结合，在第 15 章讲解如何使用遗传算法玩笨鸟先飞游戏。让我们立刻开始吧！

第 13 章　贪吃蛇游戏 AI 编程

在第 4 章，我们介绍了使用 Pygame 编写贪吃蛇游戏。在第 11 章，我们介绍了深度强化学习算法 DQN，它的核心思想是通过评估不同状态动作对的价值来选择动作。本章我们把这两章的知识结合起来，介绍如何用贪吃蛇游戏作为 AI 环境，用 DQN 作为 AI 引擎，驱动贪吃蛇自动找到并吃到果实。听起来是不是很有意思，我们开始吧！

13.1　整体设计思路

在动手之前，需要想一想应该怎样设计代码。我们先想一想人类玩家操作贪吃蛇游戏的交互逻辑：人类玩家的大脑通过显示器上的游戏图像获取游戏信息，操控贪吃蛇吃到果实后人类玩家得到正的回报，操控贪吃蛇碰到边界或贪吃蛇的头碰到身体导致游戏结束后，人类玩家得到负的回报。人类玩家的大脑驱动手指控制键盘，进而控制贪吃蛇的行进方向。图 13-1 显示了人类玩家和贪吃蛇游戏之间的交互逻辑。

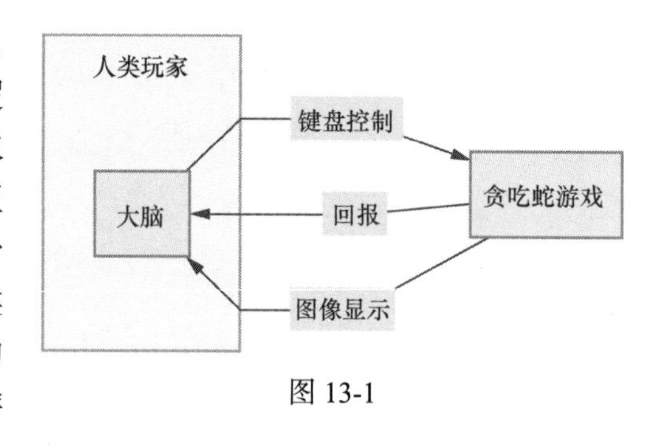

图 13-1

AI 驱动的贪吃蛇游戏则有些不一样。首先，贪吃蛇游戏环境要进行改造，之前的输入是由键盘控制的，现在要改造成由算法来决策，也就是输入部分要进行改造，还需要把游戏的一些信息保存并传递给算法。我们称这个改造后的贪吃蛇游戏环境为 Snake_Env。其次，要增加 AI 引擎部分，需要设计算法 DQN_Model，它负责处理信息、输出决策；需要设计一个记忆模块 memory，它负责接收游戏信息并将其保存。这个 AI 引擎称为 Snake_Agent。最后，我们还需要一个函数来负责 Snake_Agent 和 Snake_Env 之间的交互，让所有的代码运行。AI 驱动贪吃蛇游戏的流程框架如图 13-2 所示。下面我们开始改造贪吃蛇游戏环境。

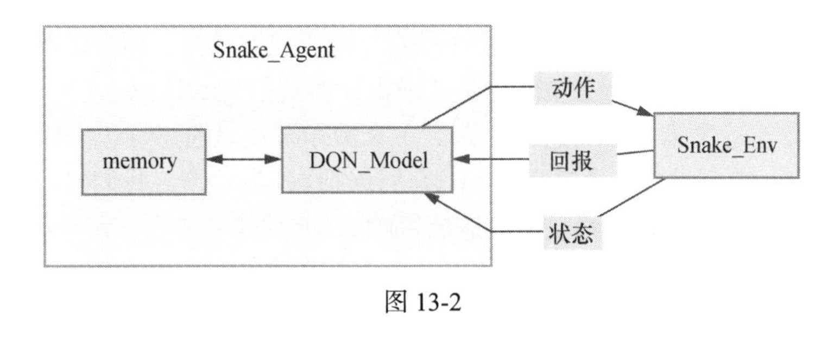

图 13-2

13.2　贪吃蛇游戏环境改造

13.2.1　环境改造思路

我们先回顾人类玩家操作的贪吃蛇游戏的程序代码结构，如图 13-3 所示。

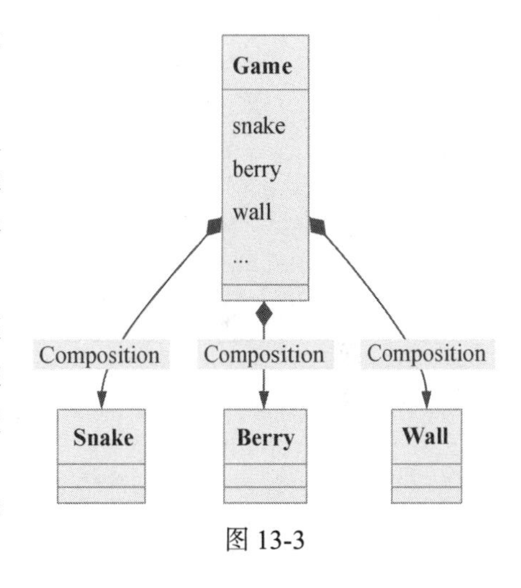

图 13-3

在 Snake 类中需要加载贪吃蛇图片资源文件，定义贪吃蛇身体、动作方向等属性，还需要定义贪吃蛇的移动和绘图等函数。在 Berry 类中，同样需要加载图片资源文件，定义位置属性，定义绘图函数。在 Wall 类中，需要加载地图文件和图片资源文件，定义绘图函数。在 Game 类中，需要初始化场景，定义窗口，初始化上述 3 种对象，定义分值、时钟等属性。在方法中需要定义碰撞检测、绘图和游戏主循环函数。

对于人类玩家操作的游戏进行改造，我们主要需要完成如下 4 项内容。

- 改造游戏退出和重启机制。
- 提供游戏信息。
- 改造决策和移动逻辑。
- 改造核心运行机制。

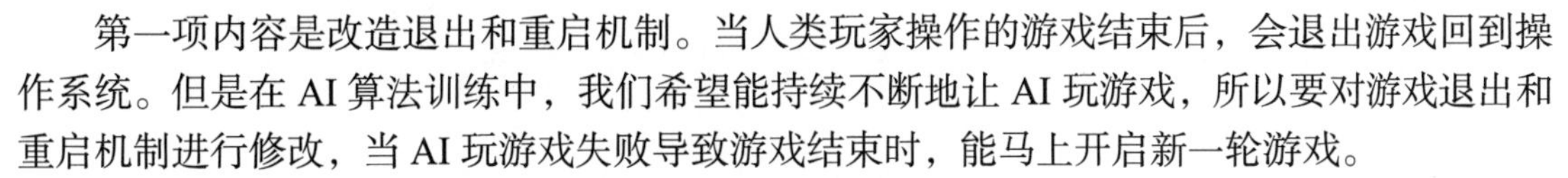

第一项内容是改造退出和重启机制。当人类玩家操作的游戏结束后，会退出游戏回到操作系统。但是在 AI 算法训练中，我们希望能持续不断地让 AI 玩游戏，所以要对游戏退出和重启机制进行修改，当 AI 玩游戏失败导致游戏结束时，能马上开启新一轮游戏。

第二项内容是给 AI 引擎提供游戏信息。人类玩家操作游戏时，只需要用肉眼观察显示器上显示的信息就可以了。但是在 AI 算法训练中，我们需要设计一些有用的信息，并将其传递给 AI 引擎。这些信息在强化学习中称为状态信息。除了状态信息，还需要传递回报信息和本轮游戏是否结束的信息。因此第二项内容是新增提供游戏信息的代码。

第三项内容是改造决策和移动逻辑。人类玩家操作游戏是通过键盘来输入来进行的，但在 AI 算法训练中，需要设计一个接口。AI 算法做选择称为动作，我们要把检测输入的逻辑进行修改——将贪吃蛇的移动依赖键盘改造成依赖 AI 的动作。

第四项内容是改造核心运行机制。为了和 AI 引擎配合，play 函数需要改造成单步运行。因为游戏每运行一轮后，都需要给 AI 引擎提供信息，让它计算后选择应该如何移动。所以 play 函数需要改造成只考虑运行一帧的情况。

13.2.2 改造代码

编写新的运行函数 play_step 来代替原有的 play 函数，此处体现了第一项内容和第四项内容的改造逻辑。在 play_step 函数中，当贪吃蛇发生碰撞时，不直接退出游戏，而是将 game_over 变量设置为 True，同时将 reward 设置为-10。这样游戏不会退出，游戏窗口仍然保持，可节约 AI 训练的时间。play_step 函数中不再有 while 循环，因为只考虑运行一轮游戏的所有任务。

```
def play_step(self, action):
    game_over = False
    self.reward = 0

    for event in pygame.event.get():
        if event.type == QUIT:
            pygame.quit()
            sys.exit()

    self.total_step += 1
    self.frame = (self.frame + 1) % 2
    self.snake.handle_action(action)
    self.berry_collision()

    if (self.head_hit_wall() or
        self.head_hit_body() or
        self.total_step > 100*len(self.snake.blocks)):
        game_over = True
        self.reward = -10
        return self.reward, game_over, self.score

    self.draw()
    self.Clock.tick(60)
    return self.reward, game_over, self.score
```

此外，我们编写一个新的函数 reset，它负责重启游戏。代码重新实例化一个 Snake 类，并重新放置了果实，将一些游戏数据进行重置归零。

```
def reset(self):
    self.score = 0
    self.frame = 0
    self.snake = Snake()
    self.current_direction = Direction.right
    self.positionBerry()
    self.frame_iteration = 0
    self.reward = 0
```

第二项改造内容是增加提供游戏信息的功能，我们需要提供如下 3 种游戏信息给 AI 引擎进行计算。

- 回报信息 reward。
- 状态信息 state。
- 本轮游戏是否结束的信息 game_over。

在前面改造游戏退出和重启机制时，我们已经提供了负值的 reward 和 game_over，还需要考虑正值的 reward，也就是当贪吃蛇成功地吃到一个果实的时候，要把 reward 设置为 10。在函数 berry_collision 中相应地增加如下代码。

```
def berry_collision(self):
    head = self.snake.blocks[0]
    if (head.x == self.berry.position.x and
        head.y == self.berry.position.y):
        self.position_berry()
        self.score += 1
        self.reward = 10
    else:
        self.snake.blocks.pop()
```

我们还需要提供状态信息，为此需要修改碰撞函数，为 head_hit_body 增加一个 position 参数，这样可增加函数计算的灵活性。如果没有输入 position 参数，head_hit_body 会默认计算贪吃蛇的头部和身体碰撞的情况；如果输入了 position 参数，head_hit_body 会计算任意一个坐标和身体碰撞的情况。这样做的好处我们会在后文介绍。

```
def head_hit_body(self,position=None):
    if position is None:
        position = self.snake.blocks[0]
    if position in self.snake.blocks[1:]:
        return True
    return False
```

然后我们构建状态计算函数 get_state。首先计算 4 个分布在头部四周的坐标，这些坐标均距离头部一格的距离。将之前建立的坐标输入 head_hit_body 函数和 head_hit_wall 函数中，计算这些坐标和身体、墙壁边界是否产生了碰撞。可以想象，这 4 个坐标就像猫的胡须，起近距离预警雷达的作用。

```
def get_state(self):
    head = self.snake.blocks[0]
    point_l = Position(head.x - 1, head.y)
    point_r = Position(head.x + 1, head.y)
    point_u = Position(head.x, head.y - 1)
    point_d = Position(head.x, head.y + 1)
    danger_1b_r = self.head_hit_body(point_r)
    danger_1b_l = self.head_hit_body(point_l)
    danger_1b_u = self.head_hit_body(point_u)
    danger_1b_d = self.head_hit_body(point_d)
    danger_1w_r = self.head_hit_wall(point_r)
    danger_1w_l = self.head_hit_wall(point_l)
    danger_1w_u = self.head_hit_wall(point_u)
    danger_1w_d = self.head_hit_wall(point_d)
```

类似地，定义一组贪吃蛇头部和四周墙壁的所有坐标，这些坐标用于在 head_hit_body 函数中计算贪吃蛇头部和四周墙壁之间会不会有限制身体活动的障碍。这就类似于远距离预警雷达。

```
    points_l = [Position(i, head.y) for i in range(1,head.x)]
    points_r = [Position(i, head.y) for i in range(head.x+1,self.Space_width)]
    points_u = [Position(head.x , i) for i in range(1,head.y)]
    points_d = [Position(head.x , i) for i in range(head.y+1,self.Space_height)]
    danger_b_l = np.any(np.array([self.head_hit_body(point) for point in points_l]))
    danger_b_r = np.any(np.array([self.head_hit_body(point) for point in points_r]))
    danger_b_u = np.any(np.array([self.head_hit_body(point) for point in points_u]))
    danger_b_d = np.any(np.array([self.head_hit_body(point) for point in points_d]))
```

计算此时贪吃蛇的行进方向的逻辑值。

```
    dir_l = self.snake.current_direction == Direction.left
    dir_r = self.snake.current_direction == Direction.right
    dir_u = self.snake.current_direction == Direction.up
    dir_d = self.snake.current_direction == Direction.down
```

计算果实相对于贪吃蛇头部坐标的位置逻辑值。

```
    berry_l = self.berry.position.x < head.x
    berry_r = self.berry.position.x > head.x
```

```
    berry_u = self.berry.position.y < head.y
    berry_d = self.berry.position.y > head.y
```

最后将这 20 个数据打包，以 NumPy 的数组格式输出。

```
    state = [
        danger_1b_r,danger_1b_l,danger_1b_u,danger_1b_d,
        danger_1w_r,danger_1w_l,danger_1w_u,danger_1w_d,
        danger_b_l,danger_b_r,danger_b_u,danger_b_d,
        dir_l,dir_r,dir_u,dir_d,
        berry_l, berry_r,berry_u,berry_d
    ]

    return np.array(state, dtype=int)
```

第三项内容是改造决策和移动逻辑。我们不再需要 handle_input 函数，而是需要增加 action 作为游戏的输出，所以我们新建一个 handle_action 函数。action 的取值并不是向上、向下、向左、向右这 4 个方向，因为贪吃蛇的身体在其头部的后面，所以当它向左走的时候，action 的取值绝对不能是向右，所以它的动作决策应该是 3 个方向选项，即继续直行、向左、向右。用一个 0 到 2 之间的数字来表示 action 的取值。如果 action 取值为 0，表示方向不变继续直行，如果取值 1 表示向右。

需要注意的是，action 的 3 个相对方向和游戏的 4 个绝对方向之间，需要做一些转换。这里使用了一个 clock_wise 列表，表示方向的顺时针的顺序。想象一下，绝对方向向右指向 3 点方向，绝对方向向下指向 6 点方向，绝对方向向左指向 9 点方向，绝对方向向上指向 12 点方向。当输入的 action 是方向不变时，我们也让原来的绝对方向不变。当输入的 action 是方向向右时，就朝顺时针方向旋转 90°，也就是索引值 idx 加 1。反之朝逆时针方向旋转 90° ，也就是索引值 idx 减 1。

```
def handle_action(self,action):
    # action 的取值为直行、向左或向右
    clock_wise = [Direction.right,Direction.down,Direction.left,Direction.up]
    idx = clock_wise.index(self.current_direction)
    if action == 0:
        new_dir = clock_wise[idx] # 方向不变
    elif action == 1:
        next_idx = (idx + 1) % 4
        new_dir = clock_wise[next_idx] # 顺时针旋转 90°
    elif action == 2:
        next_idx = (idx - 1) % 4
        new_dir = clock_wise[next_idx] # 逆时针旋转 90°
    self.current_direction = new_dir
    self.move()
```

除此之外，还需要改造更新函数 play_step。这个函数负责运行一轮游戏的所有运算，包括保留的输入逻辑、位置更新，以及碰撞检测和最后的绘图。最终函数输出 3 个数据：reward 表示本轮游戏的回报，如果吃到果实，reward+10，如果撞上边界或自己，reward−10，其他情况则 reward 为 0；game_over 表示本轮游戏是否结束；score 表示本轮游戏中贪吃蛇吃了多少个果实，用于玩家观察。改造后的完整代码参考 snake_env.py 文件。

13.3 AI 引擎的设计和编写

13.3.1 DQN 回顾

我们先回顾在第 11 章介绍过的 DQN 算法。DQN 的核心组件是神经网络，神经网络中的结构是事先给定的，网络参数是随机赋初始值的。它需要外界给一个输入，计算出预测值，然后在预测值和目标值之间计算损失，最后使用最优化方法调整网络参数，使得损失最小。

再回顾一下神经网络结合强化学习后的整体训练流程。神经网络会接收当前状态和下一个状态两种信息输入，计算对应的两种价值，即当前状态动作对的价值和下一个状态动作对的价值，选择最大值并据此选择动作和环境交互产生回报，计算出目标和损失，再用梯度下降算法更新、修正神经网络。

对于贪吃蛇游戏的 AI 引擎，我们可以直接借鉴第 11 章中的设计，在此处直接使用其各个类。但是要注意其输入输出的数据需要和贪吃蛇游戏环境相匹配。

13.3.2 编写 AI 引擎

AI 引擎的代码和第 11 章中介绍的代码类似。首先编写神经网络类，它是一个全连接的 3 层神经网络，包括输入层、隐藏层和输出层。这里的输入层用于输入状态信息。为了保证灵活性，我们使用 3 个变量分别表示 3 层的元素个数，即 input_size、hidden_size、output_size。我们在类中增加 save 方法，可以将模型保存成本地文件。

```
class Linear_QNet(nn.Module):
    def __init__(self, input_size, hidden_size, output_size):
        super().__init__()
        self.linear1 = nn.Linear(input_size, hidden_size)
        self.linear2 = nn.Linear(hidden_size, output_size)

    def forward(self, x):
        x = F.relu(self.linear1(x))
```

```
        x = self.linear2(x)
        return x
    def save(self, file_name='model.pth'):
        model_folder_path = './model'
        if not os.path.exists(model_folder_path):
            os.makedirs(model_folder_path)

        file_name = os.path.join(model_folder_path, file_name)
        torch.save(self.state_dict(), file_name)
```

训练模块包含所有的训练逻辑，我们还是用 QTrainer 类来封装所有的代码。在初始化方法中放入必要的超参数，包括折现系数 gamma、主要的神经网络 model、神经网络复制体 target_model、最优化器 optimizer，以及损失函数计算方法 criterion。copy_model 函数则负责模型复制体的参数复制。

```
class QTrainer:
    def __init__(self, lr, gamma,input_dim, hidden_dim, output_dim):
        self.gamma = gamma
        self.hidden_size = hidden_dim
        self.model = Linear_QNet(input_dim, self.hidden_size, output_dim)
        self.target_model = Linear_QNet(input_dim, self.hidden_size,output_dim)
        self.optimizer = optim.Adam(self.model.parameters(), lr=lr)
        self.criterion = nn.MSELoss()
        self.copy_model()

    def copy_model(self):
        self.target_model.load_state_dict(self.model.state_dict())
```

接下来编写关键的训练方法 train_step。在这个函数中我们读取的参数是 5 个元素，分别是当前状态信息 state、对应的动作信息 action、得到的回报信息 reward、下一个状态信息 next_state、游戏是否结束的信息 done。将这些信息的格式转换成 torch 可以计算的 tensor 格式。

然后实现最为关键的部分，定义预测值 Q_value 和目标值 target。Q_value 是神经网络对当前状态做出的价值评估，target 由当前回报和下一个状态的回报两部分构成。如果当前状态完成后游戏结束，就没有下一个状态，此时 target 只包括当前回报。AI 算法部分的代码可以参考 snake_model.py 文件。

```
    def train_step(self, state, action, reward, next_state, done):
        state = torch.tensor(state, dtype=torch.float)
        next_state = torch.tensor(next_state, dtype=torch.float)
        action = torch.tensor(action, dtype=torch.long)
        action = torch.unsqueeze(action, -1)
```

```
        reward = torch.tensor(reward, dtype=torch.float)
        done = torch.tensor(done, dtype=torch.long)

        Q_value = self.model(state).gather(-1, action).squeeze()
        Q_value_next = self.target_model(next_state).detach().max(-1)[0]
        target =  (reward + self.gamma * Q_value_next * (1 - done)).squeeze()
        self.optimizer.zero_grad()
        loss = self.criterion(Q_value,target)
        loss.backward()
        self.optimizer.step()
```

最后编写 Agent 类，初始参数包括用于记录历史游戏数据的双向队列 memory、记录游戏轮次的参数 n_game、模型训练器 trainer 等。

```
class Agent:
    def __init__(self,nS,nA,max_explore=100, gamma = 0.9, max_memory=5000, lr=0.001, hidden_dim=128):
        self.max_explore = max_explore
        self.memory = deque(maxlen=max_memory)
        self.nS = nS
        self.nA = nA
        self.n_game = 0
        self.trainer = QTrainer(lr, gamma, self.nS, hidden_dim, self.nA)
```

在类方法中定义记录游戏数据的函数 remember，这个函数的输入与模型训练器 trainer 的输入是一致的，它将 5 个元素组成一个元组，再放入队列 memory 里。之后定义训练函数 train_long_memory，此函数的核心就是调用模型训练器 trainer 中的 train_step 函数，只不过我们会用 memory 中的数据进行训练。这里还需要定义另一个训练函数 train_short_memory，它并不利用 memory 中的数据进行训练，而是利用游戏的短期数据进行训练。

之所以用两种训练函数，是为了让长期信息和短期信息优势互补。短期信息让训练可以即时进行，不必等到游戏结束。长期信息的训练可以让历史信息得到反复利用，训练效果更稳定。这就好比在课堂上学习的时候，我们会即时吸收老师讲述的知识，在学期快结束的时候，我们会复习本学期所学的知识以进行巩固。

```
    def remember(self, state, action, reward, next_state, done):
        self.memory.append((state, action, reward, next_state, done))

    def train_long_memory(self,batch_size):
        if len(self.memory) > batch_size:
            mini_sample = random.sample(self.memory, batch_size) # 元组列表
        else:
            mini_sample = self.memory
        states, actions, rewards, next_states, dones = zip(*mini_sample)
        states = np.array(states)
        next_states = np.array(next_states)
```

```
        self.trainer.train_step(states, actions, rewards, next_states, dones)

    def train_short_memory(self, state, action, reward, next_state, done):
        self.trainer.train_step(state, action, reward, next_state, done)
```

最后要编写的重要方法是 get_action，它的核心部分是调用模型 model 来进行预测，输出在某个状态下 3 个动作的价值评分，然后算出价值最大的动作，得到最终的动作 final_move。需要补充的是，在游戏前期模型还没有得到充分训练时，模型效果是比较差的，此时需要更多地随机移动探索场景。所以在完成 80 轮游戏前，epsilon 的值是正值，我们用随机选择的方式来选择动作的方向。

```
    def get_action(self, state, n_game, explore=True):
        state = torch.tensor(state, dtype=torch.float)
        prediction = self.trainer.model(state).detach().numpy().squeeze()
        epsilon = self.max_explore - n_game
        if explore and random.randint(0, self.max_explore) < epsilon:
            prob = np.exp(prediction)/np.exp(prediction).sum()
            final_move = np.random.choice(len(prob), p=prob)
        else:
            final_move = prediction.argmax()
        return final_move
```

到此为止，AI 引擎部分的所有代码已经编写完成，完整的代码可以参见 snake_agent.py。

13.4　AI 环境与 AI 引擎的组装运行

截至目前，我们已经完成对游戏环境的改造和 AI 引擎的编写，也意味着我们即将完工。根据之前的描述，我们需要两大组件，一个是游戏部分的代码，另一个是 AI 引擎部分的代码。游戏部分的代码承担 AI 环境的角色，它负责接收 AI 的动作选择，运行游戏逻辑，产生每一步的状态、回报等信息。这部分已经在 13.2 节完成。AI 引擎部分的代码负责接收环境信息，运行算法，产生每一步的动作选择。AI 引擎的核心是 DQN 算法，AI 引擎还包括训练模块及其记忆模块。这部分已经在 13.3 节完成。

此外，还需要一个函数让两大组件进行交互，使信息在两方之间传送、交互，让游戏环境运行、游戏结束时自动重启、算法接收数据进行计算等。所以，我们用一个 train 函数来进行最终的组装运行。

train 函数的主要功能就是对两个核心类进行实例化，得到 AI 引擎 agent 和 AI 环境 game，然后进入游戏主循环，从 AI 环境 game 中得到当前状态信息 state_old，将其放到 AI 引擎中得到动作决策 final_move，AI 环境得到这个动作决策后运行游戏，得到动作相应的回报、是否结束、分数等信息。此时，贪吃蛇位置发生变化，状态也发生变化，再次调用 get_state 函数得到新的状态。用 remember 函数保存 13.3 节中介绍的 5 个元素，然后将这 5 个元素输入 AI 引擎，用训练函数 train_long_memory 进行训练。

```
def train():
    plot_scores = []
    plot_mean_scores = []
    record = 0
    total_step = 0
    game = Game()
    agent = Agent(game.nS,game.nA)
    state_new = game.get_state()

    while True:
        state_old = state_new
        final_move = agent.get_action(state_old,agent.n_game)
        reward, done, score = game.play_step(final_move)
        state_new = game.get_state()
        agent.remember(state_old, final_move, reward, state_new, done)
        agent.train_long_memory(batch_size=256)
        total_step += 1
        if total_step % 10 == 0:
            agent.trainer.copy_model()
```

如果本轮游戏结束，则将所有环境数据重置。如果本轮游戏吃到的果实数量超过历史最高纪录，则更新这个纪录，同时保存模型。之后使用有关数据进行绘图，方便我们监测和观察 AI 引擎的学习过程。

```
        if done:
            game.reset()
            agent.n_game += 1
            if score > record:
                record = score
                agent.trainer.model.save()
            print('Game', agent.n_game, 'Score', score, 'Record:', record)
            plot_scores.append(score)
            mean_scores = np.mean(plot_scores[-10:])
            plot_mean_scores.append(mean_scores)
            plot(plot_scores, plot_mean_scores)
```

这部分的代码可以参考 snake_ai.py 文件，这个文件也是游戏的运行入口。

在终端输入如下命令，运行游戏。

```
python snake_ai.py
```

系统会调用 Pygame 打开游戏窗口，调用算法模块驱动贪吃蛇自行移动，如图 13-6 所示。可以观察到，贪吃蛇起初处于一种无规律的随机移动状态，也许会很长时间吃不到一个果实，也许会很快就碰到边界结束本轮游戏。这是因为算法在最初还没有学习到足够多有用的信息，算法参数还是初始化时的随机参数。

当游戏进行了 100 轮左右的时候，AI 算法让贪吃蛇在四周墙壁碰得“头破血流”，它已经知道当贪吃蛇靠近墙壁的时候，回报会很差，同时它通过让贪吃蛇随机移动，恰好吃到几个果实，得到了一些正回报，于是开始明白让贪吃蛇往果实坐标方向走会有好处。此时，算法参数设置已经知道了趋利避害。我们可以看到贪吃蛇明显变聪明了，它的身体可以保持一定长度了，如图 13-7 所示。

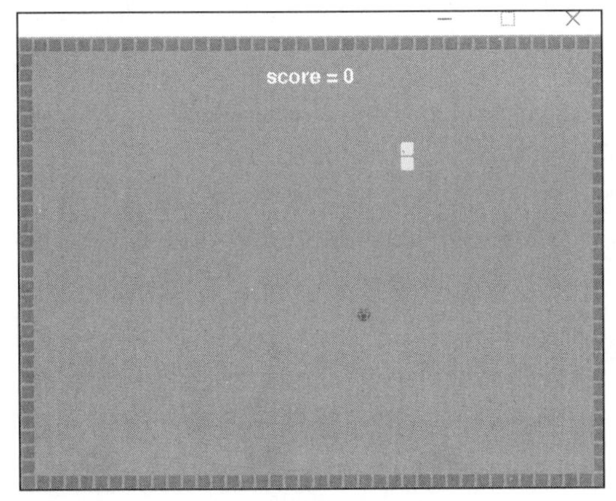

图 13-6

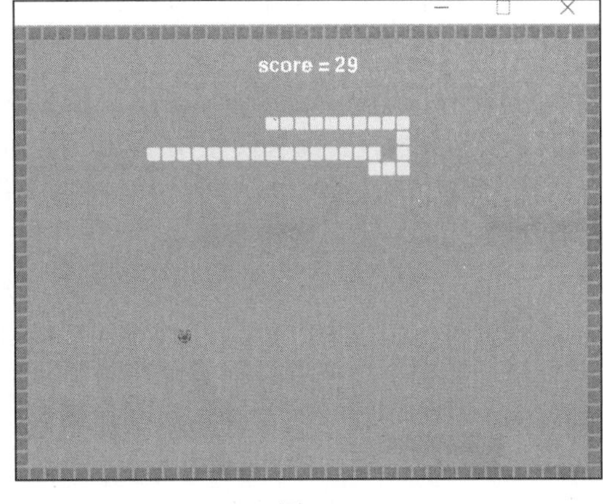

图 13-7

我们可以查看绘图窗口的结果，图 13-8 中的横轴表示游戏的轮数，纵轴表示每轮游戏贪吃蛇吃到的果实数量。图 13-8 显示的统计结果可以帮我们从全局上监测贪吃蛇游戏中 AI 引擎的学习进度。一开始吃到的果实数量比较少，到了 200 轮左右的时候，贪吃蛇最高已经可以吃到 50 多个果实，吃到的果实数量的平均值也稳步增长。可见 AI 引擎的确从环境交互中学习了知识，知道如何处理状态信息，如何得到较好的回报。

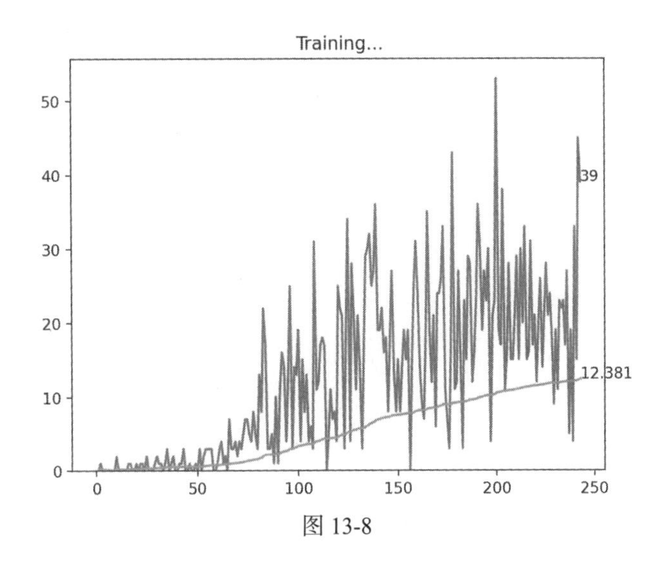

图 13-8

13.5 本章小结

本章我们介绍了 3 方面的内容。第一，如何改造第 4 章的贪吃蛇游戏，打造一个 AI 环境类 Game。关键改造点是要让 AI 环境能接收动作信息，并输出状态信息（模块代码为 snake_env.py 文件）。第二，如何实现 AI 引擎，也就是 Agent 类，关键点是编写 DQN 算法，接收状态信息，输出状态信息给环境。其中损失函数是极为重要的，读者需要透彻理解其计算过程（模块代码为 snake_agent. py 文件）。第三，把这两个类实例化后用 train 函数进行组装，让它们产生交互（模块代码为 snake_ai. py 文件）。

从游戏效果来看，AI 控制的贪吃蛇还不错，的确能吃到数量相当多的果实。读者还可以进一步思考，这个游戏还可以怎么玩？读者可以尝试自己做一些改造。一方面，可以尝试改造 AI 环境，目前的果实是静止不动的，如果改造成会移动的，贪吃蛇还能吃到吗？另一方面，可以改造 AI 引擎，目前我们使用了 20 个特征来计算状态信息，读者能否设计一些更有用的状态信息？我们还发现，AI 控制的贪吃蛇早期能否恰好吃到果实是很重要的，但是万事开头难。如果早期的几轮游戏中贪吃蛇都恰好没吃到果实，那么 AI 引擎的学习过程会比较艰难。能否由人类玩家操作，记录操作信息，然后让 AI 引擎学习呢？这就要用到模仿学习的思想了。对于这些思想读者都可以进一步尝试，希望读者玩得开心！

第 14 章 打砖块游戏 AI 编程

在第 13 章中，我们介绍了如何用贪吃蛇游戏作为 AI 环境，用 DQN 作为 AI 引擎，驱动贪吃蛇自动吃到果实。在本章，我们将实现一个设计思路类似的程序，只不过是贪吃蛇游戏换成了打砖块游戏，AI 环境部分不会有很多的改变。我们仍然基于 3 部分代码来实现这个程序：第一部分代码是改造之前的打砖块游戏代码；第二部分代码是第 13 章的贪吃蛇游戏的 AI 引擎；第三部分代码是一个组装了所有逻辑的函数。

下面我们从改造打砖块游戏的环境开始吧！

14.1 打砖块游戏环境改造

14.1.1 环境改造思路

先回顾打砖块游戏程序的代码结构。

代码中定义了 4 个类：Ball、Bat、Brick 及 Game，分别对应球、球板、砖块以及游戏机制这 4 个模块。前 3 个类都使用初始化方法来加载图片资源，并且都拥有绘图方法 draw。此外，Ball 类和 Bat 类拥有 update 方法，用于更新其位置。最后一个类，也是最重要的游戏机制类 Game，在初始化过程中对一些重要数据进行初始化，然后在 play 函数中构造游戏主循环。

要想改造成 AI 操作的游戏，需要完成如下 4 项主要的内容。这些内容和第 13 章中介绍主要的改造内容差不多。

- 改造游戏重启机制。
- 提供回报、状态等游戏信息。
- 增加决策函数，改造球板控制逻辑。
- 改造核心运行机制，改造成单步运行。

第一项内容是改造游戏重启机制。在人类玩家操作的游戏结束后，球会被重新放置在相同的起始位置以相同的角度发出，但是在 AI 算法训练中，我们希望球能在随机的位置发出，重新开始一轮游戏。

第二项内容是提供游戏信息。人类玩家操作游戏时，只需要用肉眼观察显示器上显示的信息就可以了。但是在 AI 算法训练中，我们需要设计一些有用的信息进行传递。

第三项内容是改造球板控制逻辑。人类玩家操作游戏时通过鼠标来控制球板运动，但在 AI 算法训练中，我们要对输入检测逻辑进行改造，改造成依赖 AI 的动作。

第四项内容是将游戏改造成单步运行。为了和 AI 引擎配合，play 函数需要改造成单步运行。

14.1.2 代码实现

首先实现第一项改造内容。编写一个新的 reset 函数，它负责在游戏重新开始时，对一些游戏数据进行重置，同时实例化新的球板、球和砖块这 3 种对象。这个函数会用在 Game 类的初始化函数中，也会用在后续介绍的组装代码中。

```
def reset(self):
    self.bat = Bat()
    self.ball = Ball(self.Win_width)
    self.bricks = Bricks()
    self.score = 0
    self.reward = 0
```

然后考虑第二项改造内容。我们需要提供 3 种信息给 AI 引擎进行计算。

- 回报信息 reward。
- 状态信息 state。
- 本轮游戏是否结束的信息 game_over。

首先考虑正值的 reward，也就是当成功用球板拦截球的时候，需要把 reward 设置为 10。我们将这个逻辑放在 bat_collision 函数中，其他主要内容和之前的一致。

```
def bat_collision(self):
    if self.ball.rect.colliderect(self.bat.rect):
        self.reward = 10
        self.ball.rect.bottom = self.bat.rect.top
        diff_x = self.ball.rect.centerx - self.bat.rect.centerx
        diff_ratio = min(0.95,abs(diff_x)/(0.5*self.bat.rect.width))
        theta = asin(diff_ratio)
        self.ball.speedX = self.ball.speed * sin(theta)
        self.ball.speedY = self.ball.speed * cos(theta)
        self.ball.speedY *= -1
        if (diff_x<0 and self.ball.speedX>0) or (diff_x>0 and self.ball.speedX<0):
            self.ball.speedX *= -1
```

然后考虑如何提供状态信息，这里的状态信息计算比较简单，只计算球的中心横轴位置相对于球板两端位置的关系。

```
def get_state(self):
    states = [
        self.ball.rect.centerx<self.bat.rect.left-self.bat.rect.width,
        self.ball.rect.centerx<self.bat.rect.left,
        self.ball.rect.centerx>self.bat.rect.right,
        self.ball.rect.centerx>self.bat.rect.right+self.bat.rect.width,
        self.ball.rect.centerx>self.bat.rect.centerx
    ]
    return np.array(states, dtype=float)
```

game_over 信息会在第四项改造内容中定义。

再看第三项改造内容，在动作决策方面，我们不再需要用鼠标来控制球板运行，因此 Bat 类的 update 函数会更为简单，它只负责基于 speedX 来更新球板的位置。

```
def update(self,win_width):
    self.positionX += self.speedX
    if self.positionX < 0:
        self.positionX = 0
    if (self.positionX > win_width - self.rect.width):
        self.positionX = win_width - self.rect.width
    self.rect.topleft = (self.positionX, self.positionY)
```

此外，我们增加 handle_action 函数来控制 speedX 的大小，以此控制球板的方向，action 的取值是 3 个方向，分别为保持不动、向左、向右。

```
def handle_action(self, action):
    if action==0:
       self.bat.speedX = 0
    elif action==1:
       self.bat.speedX = -6
    else:
       self.bat.speedX = 6
    self.bat.update(self.Win_width)
```

第四项改造内容是改造 play_step 函数。这个函数负责运行一轮游戏的所有运算。handle_action 用于输入 AI 决策，ball.update 用于更新球的位置，bat_collision 和 bricks_collision 用于判断球板和砖块的碰撞。如果球掉落且未被球板接住，check_failed 函数会返回逻辑真值，此时需要将回报 reward 设置为-10。

```
def play_step(self,action):
    game_over = False
    self.reward = 0
```

```
        for event in pygame.event.get():
            if event.type == QUIT:
                pygame.quit()
                sys.exit()
        self.handle_action(action)
        self.ball.update(self.Win_width)
        self.bat_collision()
        self.bricks_collision()

        if self.check_failed():
            game_over = True
            self.reward = -10
            return self.reward, game_over, self.score

        if len(self.bricks.contains)==0:
            self.reward = 10
            game_over = True
            return self.reward, game_over, self.score

        self.draw()
        self.Clock.tick(60)
        return self.reward, game_over, self.score
```

改造后的完整代码请参考 brick_env.py 文件。

14.2 AI 引擎的设计和编写

这里仍然使用基于 DQN 算法的 AI 引擎来玩游戏，所以此处的 AI 算法代码和第 13 章中的是类似的。打砖块游戏的 AI 引擎也包括 3 个类，分别为负责神经网络结构的 Linear_QNet 类、负责训练器的 QTrainer 类，以及负责决策的 Agent 类。

这里的神经网络的结构仍然是一个全连接的 3 层神经网络。其代码内容和第 13 章中的没有区别，但是要注意，在实际运行的时候，这里的输入层和隐藏层的神经元参数是不一样的。

```
class Linear_QNet(nn.Module):
    def __init__(self, input_size, hidden_size, output_size):
        super().init()
        self.linear1 = nn.Linear(input_size, hidden_size)
        self.linear2 = nn.Linear(hidden_size, output_size)
```

```
    def forward(self, x):
        x = F.relu(self.linear1(x))
        x = self.linear2(x)
        return x

    def save(self, file_name='model.pth'):
        model_folder_path = './model'
        if not os.path.exists(model_folder_path):
            os.makedirs(model_folder_path)

        file_name = os.path.join(model_folder_path, file_name)
        torch.save(self.state_dict(), file_name)
```

QTrainer 类的代码内容和第 13 章中的也基本没有区别。

```
class QTrainer:
    def __init__ (self, lr, gamma,input_dim, hidden_dim, output_dim):
        self.gamma = gamma
        self.hidden_size = hidden_dim
        self.model = Linear_QNet(input_dim, self.hidden_size, output_dim)
        self.target_model = Linear_QNet(input_dim, self.hidden_size,output_dim)
        self.optimizer = optim.Adam(self.model.parameters(), lr=lr)
        self.criterion = nn.MSELoss()
        self.copy_model()

    def copy_model(self):
        self.target_model.load_state_dict(self.model.state_dict())

    def train_step(self, state, action, reward, next_state, done):
        state = torch.tensor(state, dtype=torch.float)
        next_state = torch.tensor(next_state, dtype=torch.float)
        action = torch.tensor(action, dtype=torch.long)
        action = torch.unsqueeze(action, -1)
        reward = torch.tensor(reward, dtype=torch.float)
        done = torch.tensor(done, dtype=torch.long)

        Q_value = self.model(state).gather(-1, action).squeeze()
        Q_value_next = self.target_model(next_state).detach().max(-1)[0]
        target =  (reward + self.gamma * Q_value_next * (1 - done)).squeeze()

        self.optimizer.zero_grad()
        loss = self.criterion(Q_value,target)
        loss.backward()
        self.optimizer.step()
```

Agent 类的代码内容和第 13 章中的几乎也没有区别。

```
class Agent:
    def __init__(self,nS,nA,max_explore=100, gamma = 0.9, max_memory=5000, lr=0.001, hidden_dim=10):
        self.max_explore = max_explore
        self.memory = deque(maxlen=max_memory)
        self.nS = nS
        self.nA = nA
        self.n_game = 0
        self.trainer = QTrainer(lr, gamma, self.nS, hidden_dim, self.nA)

    def remember(self, state, action, reward, next_state, done):
        self.memory.append((state, action, reward, next_state, done))

    def train_long_memory(self,batch_size):
        if len(self.memory)>0:
            if len(self.memory) > batch_size:
                mini_sample = random.sample(self.memory, batch_size) # 元组列表
            mini_sample = self.memory
            states, actions, rewards, next_states, dones = zip(*mini_sample)
            states = np.array(states)
            next_states = np.array(next_states)
            self.trainer.train_step(states, actions, rewards, next_states, dones)

    def get_action(self, state, n_game, explore=True):
        state = torch.tensor(state, dtype=torch.float)
        prediction = self.trainer.model(state).detach().numpy().squeeze()
        epsilon = self.max_explore - n_game
        if explore and random.randint(0, self.max_explore) < epsilon:
            prob = np.exp(prediction)/np.exp(prediction).sum()
            final_move = np.random.choice(len(prob), p=prob)
        else:
            final_move = prediction.argmax()
        return final_move
```

完整的代码请参考 brick_agent.py 文件。

14.3 AI 环境和 AI 引擎的组装运行

至此，我们已经有了一个 AI 环境 Game 类和一个 AI 引擎 Agent 类。下面需要用一个函数将二者组装在一起进行交互。我们编写一个训练函数 train，这个函数的内容与第

13 章中的相应内容基本一致。

在 train 函数内将 Game 类和 Agent 类进行实例化，得到两个对象。通过 get_state 函数获取初始状态，然后进入游戏主循环。在游戏主循环中将状态信息输入 Agent 类得到相应的决策信息 final_move，将决策信息再输入 Game 类得到决策对应的运行结果，包括回报等信息，随后获得新的游戏状态。注意，在这里使用了函数 ball_near_bat 来执行条件判断，因为打砖块游戏中存在大量无关紧要的帧，例如球在砖块上飞行的时候，此时球板的移动就和球的飞行没有太大关系，所以只在重要的时刻进行记忆操作即可。

```
def train():
    plot_scores = []
    plot_mean_scores = []
    record = 0
    total_step = 0
    game = Game()
    agent = Agent(game.nS,game.nA)
    state_new = game.get_state()

    while True:
        state_old = state_new
        final_move = agent.get_action(state_old,agent.n_game)
        reward, done, score = game.play_step(final_move)
        state_new = game.get_state()
        if game.ball_near_bat():
            agent.remember(state_old, final_move, reward, state_new, done)
        agent.train_long_memory(batch_size=256)
        total_step += 1

        if total_step % 10 == 0:
            agent.trainer.copy_model()
```

如果本轮游戏结束，则将所有环境数据重置。如果本轮游戏击落的砖块数量超过历史最高纪录，则更新这个纪录，同时保存模型。之后使用有关数据进行绘图，方便我们监测和观察 AI 引擎的学习过程。

```
        if done:
            game.reset()
            agent.n_game += 1
            if score > record:
                record = score
                agent.trainer.model.save()
            print('Game', agent.n_game, 'Score', score, 'Record:', record)
            plot_scores.append(score)
            mean_scores = np.mean(plot_scores[-10:])
            plot_mean_scores.append(mean_scores)
```

```
            plot(plot_scores, plot_mean_scores)
```

完整的代码可以参考 brick_ai.py 文件。

最后在终端输入如下命令，运行游戏。

```
python brick_ai.py
```

游戏显示如图 14-1 所示，读者会观察到一些有趣的现象。例如在一开始，AI 不知道如何移动球板，球板处于一种随机移动的状态。当球板偶尔能接住球后，游戏会给 AI 一些正回报。它会越来越明白应该如何根据球的位置来移动球板。

读者可以查看绘图窗口中的结果，图 14-2 中横轴表示游戏的轮数，纵轴表示每轮游戏得到的分数。图 14-3 所示的统计结果帮我们从全局上监测打砖块游戏中 AI 引擎的学习进度。一开始的时候分数比较低，到了 80 多轮的时候，最高已经可以得到 60 分，AI 引擎的确从环境交互中学到了知识，知道如何处理状态信息、如何得到较高的回报。

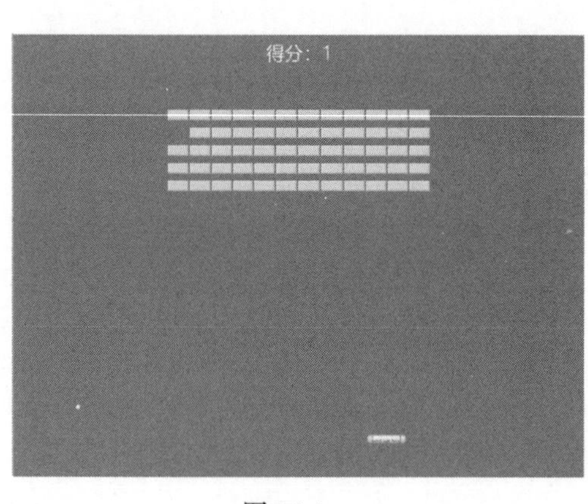

图 14-1

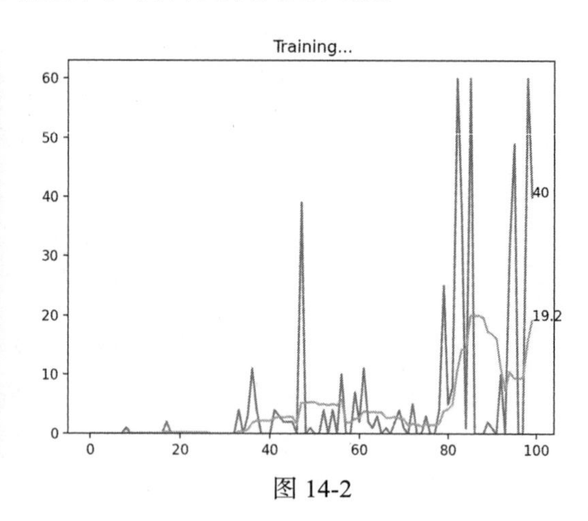

图 14-2

14.4 本章小结

本章内容和第 13 章的相似，读者可以借此巩固已经学习到的知识。通过阅读本章，读者可以学习到的内容包括两方面：一方面是如何改造人类玩家操作的游戏，使其成为一个可以和 AI 配合的游戏；另一方面是如何复用代码，构造一个打砖块游戏的 AI 引擎。不过本章的代码和第 13 章中的代码还是有一些区别。其中一个重要区别在于 AI 引擎的输入不一样，本章中的输入信息只有 5 个特征，所以神经网络的结构也不一样。另一个重要区别在 AI 引擎处理记忆时的方式，本章中 AI 引擎只记忆重要的游戏环节。

读者可以进一步思考，这个游戏还可以怎么玩？读者可以尝试做一些改造。一方面，可以尝试改造 AI 环境，目前的砖块是静止不动的，如果改造成会移动的，AI 还会得到高分吗？另一方面，可以改造 AI 引擎，目前我们使用了 5 个特征来计算状态信息，这里面没有考虑到砖块的位置信息。读者能否设计一些更有用的状态信息？

在第 15 章，我们会把第 6 章介绍的笨鸟先飞游戏环境和 AI 相结合。我们不仅会使用 DQN 驱动小鸟飞行，还会尝试用遗传算法来生成一大群小鸟，这样应该会很壮观。

第 15 章　笨鸟先飞游戏 AI 编程

在第 6 章中，我们讲解了编写笨鸟先飞游戏。本章我们会给这只小鸟“安装”AI 引擎。我们会使用两种 AI 算法来让小鸟穿越钢管丛林：一种是我们熟悉的深度强化学习算法 DQN；另一种是遗传算法，用来构造一大群小鸟来进行游戏。让我们看看哪种算法会让游戏更好玩。

15.1　基于 DQN 的 AI 引擎

15.1.1　笨鸟先飞游戏代码改造

先复习第 6 章的内容，回顾人类玩家操作的游戏程序的代码结构是什么样的。

代码中定义了 4 个类，首先是 Bird 类，用于处理玩家输入和小鸟的飞行功能；然后是 Pipe 类，用于处理游戏中钢管的生成和更新；之后是 Button 类，用于游戏结束后接收玩家操作；最后是 Game 类，用于整合游戏玩法机制。核心函数 play_step 构造了游戏主体逻辑，包括控制输入、控制小鸟的状态、检测碰撞、绘图等主要功能。

对于 AI 环境的改造，与前面两章中的相关内容类似，依然要重点完成 4 项内容。

- 改造游戏重启机制。
- 提供回报、状态等游戏信息。
- 增加决策函数。
- 改造核心运行机制。

我们看代码是如何实现的。

第一项内容是改造游戏重启机制。我们不再需要 Button 类，也不再需要 game_restart 函数，所以在代码中删除对应内容。此外，在 Game 类中，编写一个新的 reset 函数，它负责在游戏重新开始时，将一些游戏数据进行重置。这个函数增加了 reward 的属性设置，重置初始位置 flappy 和状态 failed，并对钢管对象进行重置，重要的是此处增加了 get_pipe_dist 函数，用于计算新出现的钢管的数据。reset 函数和原有的 reset_game 函数功能相似。

```
    def reset(self):
```

```
        self.score = 0
        self.reward = 0
        self.flappy.rect.x = 100
        self.flappy.rect.y = self.Win_height//2 + random.randrange(-200,200)
        self.flappy.failed = False
        self.pipe_group.empty()
        self.new_pipes(time=0)
        self.get_pipe_dist()
        pygame.mixer.music.play()
```

第二项内容是增加信息提供函数，提供回报、状态等游戏信息。首先考虑正值的 reward，也就是当成功地穿越一对钢管的时候，需要把 reward 设置为 10。我们将这个逻辑放在 check_pipe_pass 函数中，其他内容和之前的内容一致。

```
    def check_pipe_pass(self):
        if self.flappy.rect.left >= self.observed['pipe_dist_right']:
            self.score += 1
            self.reward = 10
            self.pipe_group.sprites()[0].passed = True
            self.pipe_group.sprites()[1].passed = True
            self.sounds['point'].play()
```

另外，考虑到这个游戏的难度比较大，一个随机决策的小鸟很难在开局时穿越钢管，因此我们构造一个 flying_good 函数。如果小鸟能在钢管所处的高度位置飞行，也可以得到少许的回报。这些信息用来辅助改进 AI 引擎能力。

```
    def flying_good(self):
        if (self.flappy.rect.top >= self.observed['pipe_dist_top'] and
        self.flappy.rect.bottom <= self.observed['pipe_dist_bottom'] ):
            self.reward = 1
```

我们还需要提供状态信息，这里的状态信息需要包含 3 项数值，分别是小鸟的速度、小鸟的飞行高度与上下两根钢管的距离。注意，对于这些数值我们计算的是相对值，因为绝对值过大会不方便输入神经网络中计算。

```
    def get_state(self):
        states =np.array([float(self.flappy.vel)/self.flappy.cap,
                          (self.flappy.rect.top-self.observed['pipe_dist_top'])/Pipe.pipe_gap,
                          (self.observed['pipe_dist_bottom'] -
         self.flappy.rect.bottom)/Pipe.pipe_gap],dtype=float)
        return states
```

第三项内容是增加决策函数。在动作方面，我们不再需要用鼠标单击来控制小鸟飞行，因此 Bird 类的 handle_input 函数会被改造成 handle_action 函数。这个函数中如果 action 为 1，则表示向上飞行，此时，需要修改小鸟的速度属性。

```
    def handle_action(self,action):
        if action == 1:
            self.vel = -1 * self.cap
            self.wing.play()
```

此外，还需要改造类中的 update 函数，对它进行一些简化，将 handle_action 函数放到相应的位置上。

```
    def update(self,action):
        self.vel += 0.5
        if self.vel > 8:
            self.vel = 8
        if not self.touch_ground():
            self.rect.y += int(self.vel)

        if not self.failed:
            self.handle_action(action)
            self.animation()
```

第四项内容是改造 play_step 函数。这个函数负责运行一轮游戏中的所有运算任务。bird_group.update 用来处理 AI 决策并更新小鸟的位置，handle_collision 用来判断碰撞。

```
    def play_step(self,action):
        game_over = False
        self.reward = -1
        for event in pygame.event.get():
            if event.type == pygame.QUIT:
                pygame.quit()
                sys.exit()

        self.bird_group.update(action)
        self.handle_collision()
```

如果小鸟碰到钢管或地面，failed 属性会返回逻辑真值，此时游戏结束，并将回报 reward 设置为-20。如果小鸟还在正常飞行，则更新游戏中各元素的状态，并绘制它们。

```
        if self.flappy.failed:
            game_over = True
            pygame.mixer.music.stop()
            self.reward = -20
            return self.reward, game_over, self.score

        self.pipe_update()
        self.ground_update()
        self.flying_good()
        self.draw()
```

```
        self.Clock.tick(60)
        return self.reward, game_over, self.score
```

改造后的完整代码请参考 flappy_env.py 文件。

15.1.2 笨鸟先飞游戏的 AI 引擎的组装

至此，AI 环境已经改造完成。在游戏的 AI 引擎方面，我们可以直接复用之前的代码，具体参考 flappy_agent.py 文件，剩下的工作就是用一个函数将 AI 环境和 AI 引擎组装在一起进行交互。我们编写一个训练函数 train，该函数会对 Game 类和 Agent 类进行实例化，通过 get_state 函数来获取初始状态。

在游戏主循环中将状态信息输入 Agent 类得到相应的决策信息 final_move，将这个决策信息再输入 Game 类得到这个决策对应的运行结果，包括回报等信息，随后获得新的游戏状态。

```
def train():
    plot_scores = []
    plot_mean_scores = []
    record = 0
    total_step = 0
    game = Game()
    agent = Agent(game.nS,game.nA)
    state_new = game.get_state()

    while True:
        state_old = state_new
        final_move = agent.get_action(state_old,agent.n_game)
        reward, done, score = game.play_step(final_move)
        state_new = game.get_state()
        agent.remember(state_old, final_move, reward, state_new, done)
        agent.train_long_memory(batch_size=256)
        total_step += 1

        if total_step % 10 == 0:
            agent.trainer.copy_model()
```

如果游戏结束，则将游戏重启，并记录新的最高分数，显示绘制的游戏信息，方便我们观察。

```
        if done:
            game.reset()
            agent.n_game += 1
            if score > record:
                record = score
                agent.trainer.model.save()
```

```
            print('Game', agent.n_game, 'Score', score, 'Record:', record)
            plot_scores.append(score)
            mean_scores = np.mean(plot_scores[-10:])
            plot_mean_scores.append(mean_scores)
            plot(plot_scores, plot_mean_scores)
```

在终端输入如下命令，运行游戏。

```
python flappy_ai.py
```

15.2 基于遗传算法的 AI 引擎

15.2.1 整体设计思路

遗传算法可以用来构建一个种群，利用环境选择让种群进化。将遗传算法应用到笨鸟先飞游戏上，我们可以一次性地构造一大群小鸟，以构建出一个种群。每只小鸟的飞行决策仍然由一个神经网络来控制，但是神经网络的参数训练并非是通过强化学习进行的，这些参数可以看作个体的基因，它们将通过交叉组合、随机变异等遗传算法的技术进行更新、优化。10 只小鸟放飞后，由于先天参数不同，有些小鸟可能很快就会死亡，有些运气不错的小鸟的飞行距离长一些。因此一种定义适应度的方法就是基于小鸟的飞行距离，飞行距离越长，适应度越高。但是为了让小鸟能穿越钢管，我们还需要考虑飞行高度。因此更好的定义适应度的方法是判断小鸟在合适的高度上飞行的距离有多长。

归纳以上内容，可以得到本例中如下与遗传算法有关的概念。

- 种群：由游戏中生成的 10 只小鸟构成。
- 个体：外壳由游戏中的每一只小鸟构成。小鸟中封装了神经网络用于飞行决策控制，神经网络的参数可以看作个体的基因。
- 杂交：在游戏中是将两只小鸟的神经网络参数进行组合。
- 变异：在游戏中向对神经网络的参数加入随机噪声。
- 适应度：在游戏中是对某只小鸟的神经网络的优秀程度的判断，判断它是否能根据状态来进行飞行决策。
- 父代和子代：在游戏中是游戏重启前和重启后的两组不同的小鸟。

15.2.2 Linear_Net 类的改造

我们需要对神经网络类 Linear_Net 进行改造，增加 get_weight 函数，用于从类中获得神经网络的参数。编写 set_weight 函数，用于将输入的权重赋值给神经网络。

```
def get_weight(self):
    return deepcopy([self.linear1.weight.data,
                     self.linear1.bias.data,
                     self.linear2.weight.data,
                     self.linear2.bias.data])

def set_weight(self,weights):
    weights = deepcopy(weights)
    self.linear1.weight = nn.Parameter(weights[0])
    self.linear1.bias = nn.Parameter(weights[1])
    self.linear2.weight = nn.Parameter(weights[2])
    self.linear2.bias = nn.Parameter(weights[3])
```

15.2.3　Bird 类的改造

我们需要改造 Bird 类。在初始化函数中，大部分代码和之前的代码类似，重要的是增加 3 个类属性，分别是适应度 fitness、分数 score 及模型属性 model。

```
def __init__(self, x, y):
    super(). init ()
    self.images = []
    self.index = 0
    self.counter = 0
    self.vel = 0
    self.failed = False
    for num in range (1, 4):
       img = pygame.image.load(f"resources/bird{num}.png")
    self.images.append(img)
    self.image = self.images[self.index]
    self.rect = self.image.get_rect()
    self.rect.center = [x, y]
    self.wing = pygame.mixer.Sound('resources\wing.wav')

    self.fitness = 0
    self.score = 0
    self.model = Linear_Net(Bird.input_size, Bird.hidden_size, Bird.output_size)
```

此外，在 Bird 类中，我们还要增加 3 个成员函数：get_action 函数用于基于状态信息输出飞行决策；get_state 函数用于获取当前小鸟的状态信息；get_fitness 函数用于计算适应度。

```
def get_action(self, state):
```

```
        prediction = self.model(torch.Tensor(state))
        prediction = prediction.detach().numpy().squeeze()
        move = prediction.argmax()
        return move

    def get_state(self, observed):
        return np.array([int(self.vel)/Bird.cap,
                        (self.rect.top - observed['pipe_dist_top'])/Pipe.pipe_gap,
                        (observed['pipe_dist_bottom'] -  self.rect.bottom)/Pipe.pipe_gap],
                        dtype=float)

    def get_fitness(self, observed):
        if (self.rect.top - observed['pipe_dist_top']>0 and
        observed['pipe_dist_bottom'] - self.rect.bottom > 0):
            self.fitness += 1
```

15.2.4 Game 类的改造

Game 类中需要增加 new_birds 函数，因为我们要一次性地放飞一大群小鸟，所以会用一个循环往 bird_group 中新增 Bird 类。

```
    def new_birds(self):
        for i in range(self.generation_size):
            bird_height = random.randint(-200, 200)
            bird = Bird(100, int(self.Win_height / 2+bird_height))
            self.bird_group.add(bird)
```

reset 函数也需要修改，增加适应度 fitness，用于存放种群的适应度。weights 用于存放种群的权重参数，重置钢管组和小鸟组。还需要使用循环和 set_weight 函数，对下一代的每只小鸟赋予新的权重参数。

```
    def reset(self,next_generation):
        self.score = 0
        self.fitness = []
        self.weights = []
        self.pipe_group.empty()
        self.bird_group.empty()
        self.new_pipes(time=0)
        self.get_pipe_dist()
        self.new_birds()
        for i, bird in enumerate(self.bird_group.sprites()):
            bird.model.set_weight(next_generation[i])
        pygame.mixer.music.play(-1)
```

此外，还需要增加 birds_update 函数。对于种群中的每只小鸟，遍历它们的状态，如果遍历没有失败，则获取它们的状态，并根据其内部神经网络的预测值进行飞行决策，更新其飞行位置，计算其适应度。如果某只小鸟能穿越钢管，则分数加 1。如果某只小鸟穿越失败，则保存其内部神经网络的参数和适应度，随后删除这只小鸟。

```
def birds_update(self):
    for i, bird in enumerate(self.bird_group.sprites()):
        if not bird.failed:
            self.score += bird.score
            state = bird.get_state(self.observed)
            action = bird.get_action(state)
            bird.update(action)
            bird.get_fitness(self.observed)
            if bird.rect.left >= self.observed['pipe_dist_right']:
                bird.score += 1
                self.pipe_group.sprites()[0].passed = True
                self.pipe_group.sprites()[1].passed = True
                self.sounds['point'].play()
            if bird.score > 50:
                bird.failed = True

        if bird.failed:
            self.weights.append(bird.model.get_weight())
            self.fitness.append(bird.fitness)
            bird.kill()
```

游戏核心函数 play_step 相比之前的并没有很大变化，只是需要将前面新增的函数补充进来。

```
def play_step(self):
    game_over = False
    self.score = 0

    for event in pygame.event.get():
        if event.type == pygame.QUIT:
            pygame.quit()
            sys.exit()

    self.birds_update()
    self.handle_collision()

    if len(self.bird_group) == 0 or self.score>50:
        game_over = True
        return game_over, self.score
```

```
        self.pipe_update()
        self.ground_update()
        self.draw()
        self.Clock.tick(60)
        return game_over, self.score
```

15.2.5 遗传算法函数编写

为了用遗传算法来玩这个游戏，我们编写一个 GATrainer 类，它负责控制整体算法的训练任务。其初始化函数对 Game 类进行实例化，并设置 3 个超参数，分别是迭代次数 generate_num、种群变异比例 mutate_pop_rate、神经网络参数变异比例 mutate_net_rate。

```
class GATrainer:
    def __init__(self):
        self.game = Game()
        self.generate_num = 0
        self.mutate_pop_rate = 0.2
        self.mutate_net_rate = 0.1
```

GATrainer 类中需要编写几个辅助函数。fitness_prob 函数用于基于适应度计算选择概率。list2tensor 函数和 tensor2list 函数则用于列表格式和 tensor 格式之间的转换。

```
    @staticmethod
    def fitness_prob(fitness):
        fitness = np.array(fitness)
        return fitness/np.sum(fitness)

    @staticmethod
    def list2tensor(weights):
        return torch.concat([weights[0].flatten(),weights[1],
                             weights[2].flatten(),weights[3]])

    @staticmethod
    def tensor2list(weights):
        output_weights = []
        index= [Bird.input_size*Bird.hidden_size,
                Bird.input_size*Bird.hidden_size+Bird.hidden_size,
                (Bird.input_size*Bird.hidden_size+
                Bird.hidden_size+
                Bird.hidden_size*Bird.output_size)]

    output_weights.append(weights[:index[0]].reshape(Bird.hidden_size,
                          Bird.input_size))
```

```
output_weights.append(weights[index[0]:index[1]])
output_weights.append(weights[index[1]:index[2]].reshape(Bird.output_size,
                  Bird.hidde n_size))
output_weights.append(weights[index[2]:])
```

交叉函数和变异函数需输入两个个体作为参数，对其进行交叉组合，然后进行随机噪声的添加。

```
def cross_mutate(self,weights_1, weights_2):
    weights_1 = GATrainer.list2tensor(weights_1)
    weights_2 = GATrainer.list2tensor(weights_2)
    crossover_idx = random.randint(0, Game.parameter_len-1)
    new_weights = torch.concat([weights_1[:crossover_idx] ,
                               weights_2[crossover_idx:]])
    if (random.randint(0,self.game.generation_size-1) <=
        self.game.generation_size*self.mutate_pop_rate):
        mutate_num = int(self.mutate_net_rate*Game.parameter_len)
        for _ in range(mutate_num):
            i = random.randint(0,Game.parameter_len-1)
            new_weights[i] += torch.randn(1).numpy()
    output_weights = GATrainer.tensor2list(new_weights)
    return  output_weights
```

编写 reproduce 函数，用于生成下一代种群，其核心逻辑并不复杂。先根据适应度来选择两个最优秀的个体，将其直接保存到下一代种群中，这种保留策略称为精英策略。然后选择其他位置的个体，根据适应度来随机选择两个较优秀的个体，将其基因进行交叉和变异，也就是组合两个神经网络的参数。

```
def reproduce(self):
    next_generation = []
    prob = GATrainer.fitness_prob(self.game.fitness)
    second_index, first_index= list(np.argsort(prob)[-2:])
    next_generation.append(self.game.weights[first_index])
    next_generation.append(self.game.weights[second_index])
    for _ in range(self.game.generation_size - 2):
        p1, p2 = np.random.choice(len(prob),size=2, replace=False,p=prob)

    next_generation.append(self.cross_mutate(self.game.weights[p1],self.game.weights[p2]))
    return next_generation
```

最后我们编写函数，将所有的逻辑进行组装。

```
def run_GA(self):
    while True:
        game_over, score = self.game.play_step()
        if game_over :
```

```
            print(f"generate {self.generate_num} average fitness:
                {sum(self.game.fitness)/10}")
            next_generation = self.reproduce()
            self.game.reset(next_generation)
            self.generate_num += 1
```

整体代码可以参见 flappy_ga.py 文件。在终端输入如下命令，运行游戏。

```
python flappy_ga.py
```

15.2.6 算法效果

图 15-1 所示为代码运行后的游戏画面。我们一次性生成了一个小鸟种群。一开始的时候，很多小鸟直接撞到钢管或地面。有几只小鸟恰好飞行在合适的高度上，获得了更高的适应度。这些相对优秀的小鸟通过杂交变异产生下一代。经过几次迭代，读者会发现新产生的下一代小鸟已经能穿越几对钢管了，随后会有越来越多的小鸟能穿越更多的钢管。

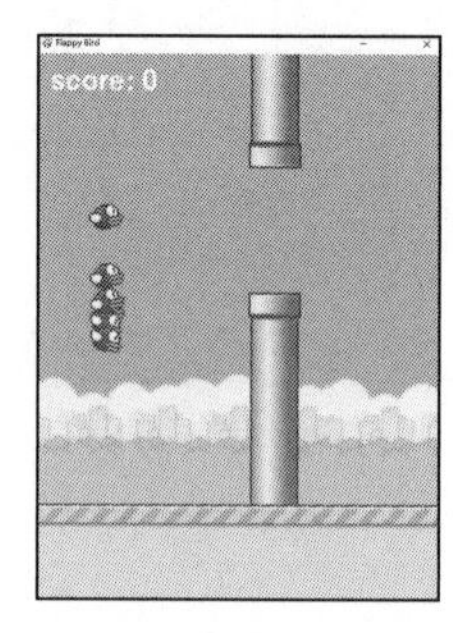

图 15-1

15.3 本章小结

本章使用了两种人工智能算法驱动小鸟穿越钢管丛林。本章的 DQN 思路和第 13 章、第 14 章中的 DQN 的类似，小鸟基于输入的状态信息和回报信息，不断调整神经网络的参数，经过多轮游戏才能成功通关。遗传算法的思路则基于种群的自然选择，种群中不同个体中包含的神经网络参数代表了小鸟的基因。通过基因的交叉、变异和选择这 3 种操作，让种群中适应度较高的个体能相互取长补短，使下一代能更好地适应钢管丛林的环境。

第 16 章　五子棋游戏 AI 编程

我们在第 7 章介绍了编写五子棋游戏，在第 9 章介绍了蒙特卡罗模拟，在本章我们基于蒙特卡罗模拟来构造一个能自动下棋、能和人类玩家对弈的 AI 引擎。本章介绍的具体方法称为 MCTS（Monte Carlo tree search，蒙特卡罗树搜索），它会利用树类的数据结构，结合蒙特卡罗模拟进行计算。

16.1　MCTS 的整体思路

我们在下棋的时候，实际上是在做选择题，也就是基于当前的棋盘局面，我们需要从若干个可选择的位置中，选择一个可能最有利的位置落子。如果事先有人告诉我们这些位置对应的胜率，我们自然就直接选择胜率最高的位置落子即可，这种感觉就像请了外援一样。但这个外援怎样得到呢？

想象这样的情况，如果我们可以得到一份完美的棋谱，里面记载了从古到今所有名家高手的所有下棋数据，那么我们可以做一个简单的统计。给定某个局面，汇总计算棋谱中所有下一步的落子位置，就能得到若干个可能的落子位置和其对应的出现次数。棋谱中出现次数最多的落子位置可能是比较好的位置，我们就可以直接在这个位置上落子。

为什么棋谱上出现次数更多的落子位置更好呢？想象我们徒步进入一个山区，因为不熟悉路而迷失了方向。此时我们面前有一个岔路口，其中一条路被人行走的次数更多一些，路面更宽一些，说明选择这条路的人多；另一条路的路面更窄一些，林木更茂盛些，说明选择这条路的人少。我们自然会选择路面更宽一些的路，因为这条路走的人多，可能更有希望走出山区。这种决策思路有一个前提条件，就是需要使用历史信息来进行汇总统计。这些历史信息来自棋谱，那么棋谱又从何而来呢？

退一步思考，如果得不到这份完美的棋谱，我们可不可以自己生成一份棋谱呢？如果我们有两个会下棋的机器人，虽然它们不是名家高手，下棋的水平一般，但机器人可以对弈很多局。所以一种可能的思路是，当我们面临某个局面不知道如何落子时，就让机器人基于此局面反复进行多局对弈，保存对弈棋谱和最终胜负结局，再根据这份对弈棋谱得到统计数据，进而帮助我们进行实际的落子决策。这里还存在一个疑问，机器人只知道下棋的规则，如何选择位置并落子呢？随机落子是一个思路。虽然随机落子的思路并不缜密，但也能起到一定的作用。

整个假设的逻辑可以归纳如下：让两个机器人基于随机落子反复模拟对弈，得到大量棋谱数据，基于棋谱数据进行统计汇总，得到某个局面下所有可能的落子位置、该位置出现的次数和该位置对应的胜负情况；在真正对弈的时候，基于统计数据进行决策。如果以之前的山区徒步例子来类比，我们面临很多岔路口，我们也不知道哪些路的路面更宽，哪些路的路面更窄。我们就派出很多机器人探路，让机器人返回信息。这就是我们在第 9 章中介绍的玩井字棋游戏的编程思路。

不过，玩井字棋游戏的编程思路有一个缺点：每轮模拟后，得到的信息并不是共享的。也就是说，第一轮模拟后得到的落子位置的价值信息，并未在第二轮模拟时用上，每一轮模拟都是从头开始的。如果能把这些信息累积起来，计算效果将会更上一层楼。这就类似于我们每遇到一个岔路口，都需要重新派出机器人探路，获取新的信息。但是有可能这个岔路口在过去已经被探测过了。这些被抛弃的历史信息被浪费了。实际上，对于前一次的历史信息，我们也可以利用。我们需要在每个岔路口都让探路机器人保存一些信息。从编程角度考虑，这就需要一个树状的数据结构。每个岔路口就是树上的一个节点，代替了某个局面的状态信息，而这个节点会带有信息属性。那么探路机器人需要保存什么样的信息呢？需要机器人保存两块路牌插在岔路口，一块路牌上写的是 Q，另一块路牌上写的是 N，Q 表示顺利走出山区的概率，N 表示有多少机器人走过这条路。

这里还有一个问题，探路机器人要怎么探路？机器人有两种探路方式。一种是机器人来到岔路口时，发现路牌上什么信息都没有，也就是这个岔路口还没有机器人来探索过，那么它就采取随机的方式来选择一条路。另一种是机器人来到岔路口时，发现路牌上已经有信息了，说明这个岔路口被探索过，那么它应该如何选择？此时需要综合考虑探索和利用。

和强化学习中的探索目的一样，探索是为了挖掘更多信息，利用是为了使结果更好。就好像我们去餐厅吃饭，餐厅 A 我们去过十几次了，感觉不错，可以打 70 分，餐厅 B 我们只去过一次，感觉一般，只能打 60 分，但是因为去餐厅 B 的次数少，也许感觉一般是因为厨师发挥不好，我们还是可能选择去餐厅 B，给它更多的机会。所以我们用一个公式来综合考虑探索和利用，这个公式称为 UCT。当机器人来到路牌上有信息的路口时，会根据 UCT 公式来计算，选择 UCT 值最大的路前进。

总结上述内容，棋局中的不同状态发展就像一个充满岔路口的山区，在计算机中用树状的数据结构来表示。进入山区后，我们首先派出机器人探路，机器人有两种探路方式获取其选择的路的信息。当我们得到信息后，根据多数机器人走的路来决策。

切换到下棋的例子，每一个节点就是一个棋局状态，玩家有不同的落子位置可以选择，当选择其中一个位置落子后，就进入一个新的棋局状态，也称为子节点。玩家选择什么位置落子，依然根据机器人模拟下棋得到的信息，判断哪个位置是更多机器人选择的落子位置。那么机器人如何模拟下棋呢？这也有两种方式：一种方式是当某个节点没有任何信息时，进入随机对弈的方式；另一种方式是当某个节点存在信息时，则基于信息和 UCT 来对弈。

16.2　MCTS 代码实现

首先需要定义一个树节点类 TreeNode，它用于保存每一个棋局状态节点信息，其内部包括几个要素，分别为节点的上层父节点是谁，子节点有哪些，这个节点被访问了多少次（n_visits），也就是有多少个机器人从这个方向走过，以及重要的 Q 值（它最后成功的概率）及 u 值，这个 u 值是根据 n_visits 计算出来的。get_value 函数的返回值就是 UCT 公式，它平衡考虑了探索和利用。c_ puct 是一个超参数，用来平衡探索和利用。

```
class TreeNode:

    def __init__(self, parent):
        self._parent = parent
        self._children = {}
        self._n_visits = 0
        self._Q = 0
        self._u = 0

    def get_value(self, c_puct):
        self._u = (c_puct * np.sqrt(self._parent._n_visits) / (1 + self._n_visits))
        return self._Q + self._u
```

expand 函数是用于扩展子节点的函数，当棋局从第一步开始时，我们只有一个空棋盘状态，其子节点就是若干个可落子位置的节点。函数中基于 for 循环，将可落子位置放入 _children 字典中构造子节点。

```
    def expand(self, actions):
        for action in actions:
            if action not in self._children:
                self._children[action] = TreeNode(self)
```

当机器人来到岔路口时，需要进行路的选择，如果节点被访问过，也就是存在路牌信息时，根据 get_value 函数计算出来的值选择最大值对应的子节点。select 函数的作用就是通过计算节点中的 UCT 值，选择最大值对应的子节点。

```
    def select(self, c_puct):
        return max(self._children.items(),
```

```
                   key=lambda act_node: act_node[1].get_value(c_puct))
```

update 函数用于更新本节点的路牌信息，当机器人访问过这个节点后，其_n_visits 会增加，机器人最终的探路结果，也就是 leaf_value 值，也会送回这个节点进行累计。update_recursive 函数则用于递归更新各层父节点的路牌信息。这里之所以将 leaf_value 转换成负值，是因为子节点和父节点对应的玩家交换了，从某个玩家的视角来看，能带来胜利的局面，是对手玩家不愿意看到的。

```
    def update(self, leaf_value):
        self._n_visits += 1
        self._Q += 1.0*(leaf_value - self._Q) / self._n_visits

    def update_recursive(self, leaf_value):
        if self._parent:
            self._parent.update_recursive(-leaf_value)
        self.update(leaf_value)
```

基础的节点类完成后，我们会基于节点类来构造 MCTS 类。初始化函数确定了两个参数，一个是 c_ puct 系数，另一个是机器人的模拟探路的次数 n_ playout，同时定义了根节点。

```
class MCTS:
    def __init__(self, c_puct=5, n_playout=400):
        self._root = TreeNode(parent=None)
        self._c_puct = c_puct
        self._n_playout = n_playout
```

_ playout 函数的功能是负责在当前给定局面下进行一轮模拟下棋，它以根节点为起始节点，只要它还有子节点，就会从子节点中找到最好的子节点，也就是找到 UCT 值最大的方向选择动作，然后在棋盘上反馈这个动作。当到达叶节点，也就是没有子节点的状态时，检查游戏是否结束，如果尚未结束，就扩展叶节点，得到对应的子节点，因为叶节点是没有路牌信息的，所以用随机落子的函数模拟下棋，得到叶节点的信息，最后用更新函数更新路牌信息。

```
    def _playout(self, state):
        node = self._root
        while(1):
            if node.is_leaf():
                break
            action, node = node.select(self._c_puct)
            state.do_move(action)

        end, winner = state.game_end()
        if not end:
            node.expand(state.availables)
        leaf_value = self._evaluate_rollout(state)
```

```
        node.update_recursive(-leaf_value)
```

函数_evaluate_rollout 负责模拟双方均使用随机落子的方式下棋，直至下完一局棋。其核心部分是根据 rollout_policy_fn 函数生成的概率来选择概率最大的一个位置，并将其输入 do_move 函数中进行落子，得到最终棋局结果。

```
    def _evaluate_rollout(self, state, limit=5000):
        player = state.current_player
        for i in range(limit):
            end, winner = state.game_end()
            if end:
                break
            action_probs = self.rollout_policy_fn(state)
            max_action = max(action_probs, key=itemgetter(1))[0]
            state.do_move(max_action)
            else:
                print("WARNING: rollout reached move limit")
        if winner == -1:    # tie
            return 0
        else:
            return 1 if winner == player else -1
```

静态函数 rollout_policy_fn 负责每一个可落子位置的随机概率生成，它从当前状态 state 中获取所有可落子位置，然后返回这些位置的概率，它们都是随机生成的，所以 rollout_policy_fn 函数选择最大值，也是随机选择的。

```
    @staticmethod
    def rollout_policy_fn(state):
        action_probs = np.random.rand(len(state.availables))
        return zip(state.availables, action_probs)
```

最后两个函数负责真实下棋的决策。get_move 函数会负责运行多次搜索，也就是将 _playout 函数运行多次，基于当前状态来计算哪个子节点的访问次数最多，选择最多人走的路。实际落子后，选择最好的子节点作为当前节点，所以利用 update_with_move 函数，将根节点更新为其子节点。

```
    def get_move(self, state):
        for n in trange(self._n_playout):
            state_copy = copy.deepcopy(state)
            self._playout(state_copy)
        return max(self._root._children.items(),
                   key=lambda act_node: act_node[1]._n_visits)[0]

    def update_with_move(self, last_move):
        if last_move in self._root._children:
```

```
            self._root = self._root._children[last_move]
            self._root._parent = None
        else:
            self._root = TreeNode(None)
```

最后，我们构造 MCTSPlayer 类，初始化函数中对 MCTS 类进行了实例化。reset_player 用于树状的数据结构的信息重置。get_action 函数负责最重要的对弈功能，它封装了对弈的基本逻辑，当人类玩家落子后，它从树状的数据结构中找到人类玩家的动作节点，进行信息更新，以此为根节点。调用 get_move 函数，计算得到最优落子位置，再将此位置作为新的根节点。

```
class MCTSPlayer:
    def __init__(self, c_puct=5, n_playout=400):
        self.mcts = MCTS(c_puct, n_playout)

    def reset_player(self):
        self.mcts.update_with_move(-1)

    def get_action(self, board,is_selfplay=False,print_probs_value=0):
        sensible_moves = board.availables
        if board.last_move != -1:
            self.mcts.update_with_move(last_move=board.last_move)

        if len(sensible_moves) > 0:
            move = self.mcts.get_move(board)
            self.mcts.update_with_move(move)
        else:
            print("WARNING: the board is full")

        return move, None
```

完整的代码可以参考 mcts_pure.py 文件。

16.3 五子棋游戏程序改造

在第 7 章的五子棋游戏的代码中，我们构造了 Board 类和 Game 类，通过 Game 类中的 play_human 函数和玩家交互。因为假设是两个人类玩家在下棋，所以我们只需要考虑人类玩家的输入即可。在本章中，我们加入 AI 玩家来和人类玩家对弈。AI 玩家将基于 16.2 节描述的 MCTS 算法进行落子决策。五子棋游戏程序中本来就有的代码不需要修改，我们只需要增加一个和 AI 玩家对弈的函数就可以了。这个函数的功能概述如下。

- 初始化基于 MCTS 的 AI 引擎对象。
- 判断当前是人类玩家落子还是 AI 玩家落子。
- 如果当前是人类玩家落子则需要负责处理鼠标输入，如果当前是 AI 玩家落子则需要将当前棋局状态信息输入，得到 AI 计算的落子位置。
- 将玩家的落子位置进行棋盘渲染，并进行棋局状态判断，以确定是否结束游戏。

我们将整体逻辑封装在 play_AI 函数中。该函数会首先重置 AI 玩家状态和棋盘状态，之后进入游戏主循环，根据不同玩家的编号来生成提示信息，并在棋盘的消息区域显示这些信息。

```
def play_AI(self, AI, start_player=1):
    AI.reset_player()
    self.board.reset_board(start_player)
    while True:
        if not self.game_end:
            print('current_player', self.board.current_player)
            if self.board.current_player == 1:
                text = "请玩家{x}落子，人类，到你了 ".format(x=self.board.current_player)
            else:
                text = "请玩家{x}落子，AI 思考中".format(x=self.board.current_player)
            self.message_area.draw(self.surface,text,self.TextSize)
```

如果判断当前玩家轮换到 AI 玩家了，而且游戏还未结束，则调用 AI 的 get_action 函数，让它根据当前棋局状态输出落子位置。如果轮换到人类玩家，则会接收人类玩家输入，根据其鼠标单击位置，进行相应的操作。这部分和第 7 章是类似的。

```
        if self.board.current_player == 2 and not self.game_end:
            move, _ = AI.get_action(self.board)
        else:
            user_input = self.get_input()
            if user_input.action == 'quit':
                break
            if user_input.action == 'RestartGame':
                self.game_end = False
                self.board.reset_board(start_player)
                self.restart_game()
                continue
            if user_input.action == 'SwitchPlayer':
                self.game_end = False
                start_player = start_player % 2 + 1
                self.board.reset_board(start_player)
                self.restart_game()
                continue
            if user_input.action == 'move' and not self.game_end:
                move = user_input.value
```

当处理完游戏参与双方的输入信息后，需要根据它们的输入信息来处理、渲染和显示落子。首先使用 render_step 处理、渲染落子，并在棋盘对象中显示落子，然后使用 game_end 函数判断游戏是否结束。如果游戏结束，则显示相应的信息。

```
            if not self.game_end:
                self.render_step(move)
                self.board.do_move(move)
                self.game_end, winner = self.board.game_end()
                if self.game_end:
                    if winner != -1:
                        print("Game end. Winner is player", winner)
                        text = "玩家{x}胜利".format(x=winner)
                        self.message_area.draw(self.surface,text,self.TextSize)
                    else:
                        text =  "二位旗鼓相当！"
                        self.message_area.draw(self.surface,text,self.TextSize)
```

在实际运行时，只需要将 MCTSPlayer 类进行实例化，再运行 play_AI 函数即可。

```
if __name__== '__main__':
    board_size = 9
    n = 5
    start_player = 1
    game = Game(width=board_size, height=board_size, n_in_row=n)
    mcts_player = MCTSPlayer(5,10000)
    game.play_AI(mcts_player,start_player)
```

完整的代码可以参见 gomoku.py 文件。在终端输入如下命令，运行游戏。

```
python gomoku.py
```

16.4 本章小结

本章实现了 MCTS 算法，它的代码实现相对难以理解，但其基本思路和蒙特卡罗模拟的基本思路是相似的。为了让每轮模拟得到的信息能在后续重复使用，我们构造了一个树状的数据结构。读者可以和用这个算法构建的 AI 玩家进行多轮对弈，测试这个 AI 玩家的下棋水平。读者会发现，当棋盘比较大的时候，搜索空间比较大，算法难以准确评估每个落子位置的价值。所以当棋盘比较大的时候，需要更多轮的搜索模拟计算。我们将搜索模拟计算轮数默认设置为 10000，读者可以尝试将其改为更大或更小的数值。